电子商务专业新形态一体化系列教材

短视频
拍摄与剪辑

主　编　车志明　康　林　冷　进
副主编　周云高　杨　雨　杨　琛
参　编　朱兴旺　杨　杰　杨　娥
　　　　庞　浩　向　丹　王　莉

北京理工大学出版社
BEIJING INSTITUTE OF TECHNOLOGY PRESS

内容简介

当前，短视频 App 迅速发展。短视频凭借其有效传达、深度互动、强传播性等优势，已经成为社交、资讯等领域抢占移动互联网流量的重要入口。本书结合短视频平台与短视频制作工具，以在项目中安排任务的形式简要介绍了短视频拍摄与剪辑的各种实用技能，包括塑造账号与组建团队、短视频脚本策划与撰写、短视频拍摄、短视频后期制作。

本书既适合作为职业院校相关专业的教学用书，也适合作为短视频制作、拍摄、运营、剪辑等人员的参考用书。

图书在版编目（CIP）数据

短视频拍摄与剪辑 / 车志明，康林，冷进主编 . --
北京 ：北京理工大学出版社，2023.9

ISBN 978-7-5763-2148-7

Ⅰ . ①短… Ⅱ . ①车… ②康… ③冷… Ⅲ . ①摄影技术②视频制作 Ⅳ . ①TB8 ②TN948.4

中国国家版本馆 CIP 数据核字（2023）第 190600 号

责任编辑: 王梦春　　**文案编辑:** 杜 枝
责任校对: 刘亚男　　**责任印制:** 边心超

出版发行 / 北京理工大学出版社有限责任公司
社　　址 / 北京市丰台区四合庄路 6 号
邮　　编 / 100070
电　　话 /（010）68914026（教材售后服务热线）
　　　　　　（010）68944437（课件资源服务热线）
网　　址 / http://www.bitpress.com.cn

版印次 / 2023 年 9 月第 1 版第 1 次印刷
印　　刷 / 定州启航印刷有限公司
开　　本 / 889 mm×1194 mm　1/16
印　　张 / 11
字　　数 / 218 千字
定　　价 / 42.00 元

党的十八大以来，我国大力推动互联网和经济发展领域深度融合，促进了经济发展新动能培育，电子商务、移动支付等应用已经深刻改变经济发展各领域组织模式、服务模式和商业模式，新服务、新模式、新业态不断涌现。二十大报告提出："加快发展数字经济，促进数字经济和实体经济深度融合，打造具有国际竞争力的数字产业集群。"伴随着移动互联网与新媒体行业的飞速发展，以及信息碎片化的趋势不断加剧，社交、资讯、电商等领域纷纷采用短视频作为内容的展现方式，都希望通过短视频的方式进行推广与营销。无论是碎片化信息的有效传达，还是与用户之间的深度互动，短视频都具有巨大的优势与潜力。短视频作为新型传播载体，在提升用户好感度、满足个性化需求、内容体验等方面创造了诸多奇迹。

除了抖音、快手等人气较高的短视频平台外，腾讯、阿里巴巴、今日头条、微博等各大平台也将短视频设定为平台发展的核心战略之一，希望通过短视频来提高平台留存率、用户活跃度和阅读时长。而淘宝、京东等电商平台更是凭借短视频迅速引发"爆点"，其销售额直线上升。它们巧妙运用短视频强大的传播特性，想办法吸引用户关注，让用户产生购买行为。这正是这些案例能够成功的原因。

本书从讲解短视频编辑与制作技术的角度出发，深入介绍了短视频编辑与制作的流程、工具与方法。本书内容新颖，图文并茂，案例丰富，主要特色如下。

（1）强化应用、注重技能：本书立足于实际应用，从短视频构图到短视频录制与制作，从移动端短视频制作到 PC 端短视频制作，从短视频制作 App 到视频编辑软件的使用，突出了"以应用为主线，以技能为核心"的编写特点，体现了"导教相融、学做合一"的教学思想。

（2）案例主导、学以致用：本书囊括了大量短视频编辑与制作核心技能的精彩案例，并详细介绍了案例的操作过程与方法，使读者通过案例演练真正实现"一学即会、举一反三"的学习效果。

（3）图解教学、资源丰富：本书采用图解教学的形式，一步一图，以图析文，让读者在实操过程中更直观、更清晰地掌握短视频编辑与制作技术的流程、方法与技巧。

（4）全彩印刷、品相精美：为了让读者更清晰、更直观地观察短视频编辑与制作效果，本书特意采用全彩印刷，品相精美，让读者在赏心悦目的阅读体验中快速掌握短视频编辑与制作的各种技能。

本书由车志明、冷进、康林担任主编，周云高、杨雨、杨琛担任副主编。尽管编者在编写过程中力求准确、完善，但书中难免存在不足之处，恳请广大读者批评指正。

编　者

目录
CONTENTS

项目一 塑造账号与组建团队 ·········· 1

任务一 塑造优质短视频账号 ·········· 3

任务二 组建短视频创作团队 ·········· 23

项目二 短视频脚本策划与撰写 ·········· 33

任务一 确定短视频脚本类型 ·········· 35

任务二 撰写短视频脚本 ·········· 41

项目三 短视频拍摄 ·········· 51

任务一 认识短视频拍摄器材 ·········· 53

任务二 掌握短视频构图 ·········· 70

任务三 掌握短视频镜头语言 ·········· 80

任务四 掌握短视频的灯光使用 ·········· 92

项目四　短视频后期制作 ……………………………… 101

　　任务一　认识短视频后期制作工具……………………… 103

　　任务二　掌握短视频后期制作技能……………………… 130

参考文献……………………………………………………… 170

项目一

塑造账号与组建团队

项目情境

慧敏是某职业院校的学生，实习期开始了，她在老师的介绍下来到了新森文化传播有限公司（以下简称"新森公司"）实习。慧敏被安排到实施部工作。

新森公司聚焦于短视频创意、拍摄与制作，专长于用创意的艺术表现形式，不断为客户提供视觉震撼、心灵共鸣的短视频作品，服务对象涉及互联网、教育、食品、化妆品、房地产等众多领域。公司拥有一支由数十人组成的创作实施团队，还有先进、完备的软硬件设备平台。

项目目标

知识目标

1. 理解短视频的含义与特点；

2. 掌握短视频的类型；

3. 了解主流的短视频平台；

4. 掌握打造优质短视频平台账号的要求；

5. 掌握短视频创作团队的组成与分工。

技能目标

1. 能够对短视频进行分类；

2. 能够选择适合的短视频平台，并根据需要打造短视频平台账号；

3. 能够组建短视频创作团队，并根据个人能力进行分工，做到人尽其才。

素养目标

1. 树立终身学习、爱岗敬业、团队合作的意识；

2. 形成认真负责、团结友爱的职业风格。

思维导图

```
                                              ┌─ 一、短视频的含义
                                              ├─ 二、短视频的特点
                            任务一            ├─ 三、短视频的类型
                        塑造优质短视频账号   ├─ 四、短视频平台分析
                                              └─ 五、打造优质账号
        项目一
    塑造账号与组建团队
                                              ┌─ 一、编导
                                              ├─ 二、摄像师与灯光师
                            任务二            ├─ 三、剪辑师
                        组建短视频创作团队   ├─ 四、运营人员
                                              └─ 五、演员
```

任务一　塑造优质短视频账号

任务导入

通过培训，慧敏对短视频有了初步的认识，也能对短视频进行分类。她发现无论制作出何种类型的短视频，最终都要在短视频平台上发布，只有这样才会有更多人去看，才会取得预期的传播效果。

总监陈平平给了慧敏一个任务，就是在主流的短视频上注册账号。慧敏明白，这个任务不像看起来那样简单。那么怎样才能塑造优质的短视频账号呢？

知识储备

对于短视频，同学们可能已经耳熟能详，大家在使用 QQ、微信等社交软件或在浏览网页时，都会看到各种形式的短视频。那么，到底什么才是短视频？它是如何分类的？又该如何打造优质短视频账号呢？

一、短视频的含义

短视频是"短片视频"的简称，一般指时长为十几秒到五分钟的视频。短视频主要依托移动智能终端实现快速拍摄和剪辑，融合了文字、语音和视频，可以在社交媒体平台实时分享和无缝对接，可以更加直接、立体地满足用户的表达、沟通需求，满足人们展示与分享的诉求。

目前，短视频的内容不再局限于娱乐，而成为人们获取实用资讯、生活窍门，甚至是专业知识的有效途径。当手机替代电子计算机成为人们主要的信息终端时，碎片化时间给了短视频得天独厚的发展机遇，性能日益强大的手机硬件给了更多人拍摄和制作短视频的机会。普通人利用手机就能进行短视频拍摄、编辑、发布。也就是说，人人都可以成为短视频创作者。

二、短视频的特点

短视频的特点可以归纳为以下几点。

1. 时间短

短视频由于短则几十秒，长则四五分钟，符合大多数用户碎片化阅读的需求。

2. 主题鲜明

短视频的主题往往非常鲜明，不需要长时间的铺垫，传递信息效果更便捷、高效，符合人们在移动互联网环境下获取信息的习惯。

3. 理解门槛低

相对于文字，人们理解视频的门槛更低，大部分人可以轻松理解视频内容。另外，视频还能带来更大的视觉冲击力，更具吸引力。

4. 手机传播为主

短视频可以在手机 App 或微信群中观看，符合大多数用户（特别是"90后"与"00后"）的媒体使用习惯。

5. 互动性强

短视频可以直接被观众评论、点赞，还可以通过制作类似视频的方式进行模仿。一则短视频上线后的很短时间内，发布者就可以接收到观众文字或数据的反馈，这些信息可以对后续的视频创作进行指导。

三、短视频的类型

（一）短视频内容类型

短视频的内容类型大致可以分为 7 种。

1. "吐槽"段子类

"吐槽"是指在他人话语或某事中找到一个切入点进行调侃的行为。在使用恰当的情况下，"吐槽"能给观众带来极大的乐趣，因此这种方式被众多短视频创作者采用。"吐槽"段子类短视频可以分为个人"吐槽"类、播报类和情景剧类短视频（图 1-1）。

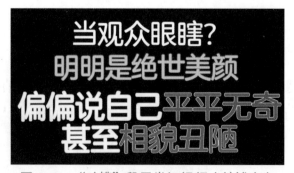

图 1-1 "吐槽"段子类短视频（某博主）

2. 访谈类

访谈类视频有两种形式：一种是当一个被采访者回答完问题后，提出一个问题让下一个人回答；另一种是所有的被采访者都固定回答同一个问题（图 1-2）。这类短视频的卖点是路人的颜值及问题的话题性，由于颜值和话题性更能吸引年轻观众的注意力，这类短视频的播放量一般不会低。

图 1-2　访谈类短视频（某博主）

3. 影视解说类

创作影视解说类短视频，声音不一定要多好听，但一定要有辨识度和特色，而且在影视素材的选择上也很有讲究。电影素材一般选择热门电影、电视剧等。创作影视解说类短视频不一定是解说或"吐槽"剧情，也可以进行影视作品盘点，为观众推荐优秀的电影、电视剧作品等（图 1-3）。

图 1-3　影视解说类短视频（某博主）

4. 文艺清新类

文艺清新类短视频主要针对文艺青年，其内容与生活、文化、习俗、传统、风景等有关，视频内容的风格给人一种纪录片、微电影的感觉。这类短视频的画面优美，色调清新淡雅。这类短视频的选题是最难的，而且比较小众。

5. 时尚美妆类

时尚美妆类短视频所针对的目标群体通常是一些对美有追求和向往的女性，她们选择观看短视频是想从中学习一些化妆技巧。

6. 美食类

美食类短视频不仅可以向观众展示与美食有关的技能，还可以释放出拍摄者及出镜人对生活的乐观与热情（图 1-4）。观众无论是什么身份，都会对此类视频产生共鸣。

7.实用技能类

实用技能类短视频通常以生活小窍门为切入点，如可乐的5种"脑洞"用法、勺子的8种逆天用法等，制作出精彩的技能短视频，然后通过短视频平台进行病毒式传播。这类短视频的剪辑风格清晰，节奏较快，通常会将某种技能在1~2分钟讲清楚，而且短视频的整体色调和配乐都较轻快，会让人有兴趣观看完毕。

图1-4　美食类短视频

（二）短视频生产方式类型

短视频按生产方式可以分为用户生产内容（User Generated Content，UGC）、专业用户生产内容（Professional User Generated Content，PUGC）和专业生产内容（Professional Generated Content，PGC）3种类型，其特点见表1-1。

表1-1　短视频生产方式类型

类型	UGC	PUGC	PGC
创作者	平台普通用户自主创作并上传内容。普通用户指非专业个人生产者	平台专业用户创作并上传内容。专业用户指拥有粉丝基础的"网红"，或者拥有某一领域专业知识的关键意见领袖	专业机构创作内容并在平台上传，通常独立于短视频平台
特点	·成本低，制作简单 ·商业价值低 ·具有很强的社交属性	·成本较低，有编排，有人气基础 ·商业价值高，主要靠流量营利 ·具有社交属性和媒体属性	·成本较高，专业和技术要求较高 ·商业价值高，主要靠内容营利 ·具有很强的媒体属性

四、短视频平台分析

（一）社交媒体型短视频平台

1.抖音：激发创造，丰富生活

对于如今的年轻人来说，抖音能让他们以不一样的方式来展示自我。此外，抖音里面音乐的节奏感十分明朗强烈，让追寻个性和自我的年轻人争相追捧。相比于其他的短视频平台只是在视频的呈现方式上下功夫，抖音则另辟蹊径，以音乐为主题进行短视频拍摄，这是其最大的特色（图1-5和图1-6）。

图 1-5　抖音 App 界面　　　　　　　　　图 1-6　抖音网页版界面

　　抖音 App 作为一款音乐短视频拍摄软件，主要功能自然是音乐视频的拍摄。此外，抖音 App 还有一些小功能值得发掘，举例如下：在首页为用户提供相关的音乐推荐，用户可以根据自身的喜好选择相应的背景音乐；用户也可以选择快拍或者慢拍两种视频拍摄方式，并且具有滤镜、贴纸以及特效，帮助用户将音乐短视频拍摄得更加具有多变性和个性。

　　另外，抖音 App 还能将拍摄的音乐短视频分享到朋友圈、微博、QQ 空间，或者有针对性地将其分享给微信朋友等。

　　2. 快手：记录世界，记录你

　　以"记录世界，记录你"为口号的快手自 2012 年转型为短视频平台以来，就着重于记录用户生活并将其分享（图 1-7）。

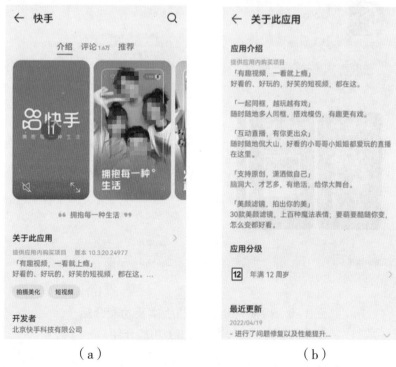

（a）　　　　　　　　　　　　（b）

图 1-7　快手 App 详情介绍

（a）示意一；（b）示意二

图 1-7 中提及的滤镜和魔法表情，就是喜欢拍摄短视频的运营者需要用到的，且在这方面还是有一定优势的，特别是在种类和效果上。图 1-8 为快手的部分滤镜和魔法表情展示。

（a）　　　　　　　　　　　　　（b）

图 1-8　快手的部分滤镜和魔法表情展示

（a）滤镜；（b）魔法表情

快手区别于其他短视频平台的一个重要特征就是其在功能的开发方面并不着重于多，而是追求简单易用，还积极进行功能提升。正是具备了这一特征，方使用户乐于使用快手来制作、发布和推广短视频。

3. 微视：发现更有趣

微视作为腾讯旗下的短视频创作和分享平台，是可以实现多平台同步分享的。同时，它作为腾讯的战略级产品，一直处在不断更新和功能研发中。图 1-9 所示为微视 App 的一些版本和功能介绍。

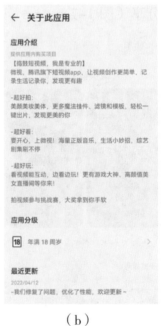

（a）　　　　　　　　　　　　　（b）

图 1-9　微视 App 的一些版本及功能介绍

（a）一些版本；（b）功能介绍

微视产品的品牌口号（Slogan）为"发现更有趣"，因此，其短视频内容运营和推广也正是基于这一点而制作的，包括三大主要特点和方向，即"超好拍""超好看""超好玩"。

微视的美化功能包括滤镜、美颜、美妆和美体，相对于其他 App，其各选项呈现出更加细化、多样化的特征，如图 1-10 所示。

（a）　　　　　　（b）　　　　　　（c）　　　　　　（d）

图 1-10　微视的美化功能

（a）滤镜；（b）美颜；（c）美妆；（d）美体

4. 微信视频号

从微信的人群覆盖面来说，微信视频号比其他社交平台都具有优势，它不像抖音、快手那样着重于覆盖一二线或三四线城市，它可以全面覆盖。

微信视频号不同于订阅号、服务号，它是一个全新的内容记录与创作平台，也是一个了解他人、了解世界的窗口。视频号的位置，设置在微信的发现页内，就在朋友圈入口的下方（图 1-11）。

视频号内容以图片和视频为主，用户可以发布长度不超过 1 小时的视频，或者不超过 9 张的图片，还能带上文字和公众号文章链接，而且不需要使用 PC 端后台，可以直接在手机上发布（图 1-12）。

视频号支持点赞、评论进行互动，也可以转发到朋友圈、聊天场景，与好友分享。

图 1-11　微信视频号入口

图 1-12　微信视频号界面

（二）内容型短视频平台

1.西瓜视频：点亮对生活的好奇心

西瓜视频 App 是今日头条旗下的独立短视频应用（图 1-13），其推荐机制与头条号的图文内容并无太大差别，即都是基于机器推荐机制来实现的。通过西瓜视频平台，众多视频创作者可以轻松地推广和跟大家分享优质视频内容。

（a）　　　　　　　　　　　（b）

图 1-13　西瓜视频 App 的一些版本及功能介绍

（a）一些版本；（b）功能介绍

西瓜视频鼓励多样化创作，帮助人们向全世界分享视频作品，创造更大的价值。西瓜视频的特色功能包括以下几个方面。

（1）视频分类:西瓜视频涵盖音乐、财经、影视、Vlog、农人、游戏、美食、儿童、生活、体育、文化、时尚、科技等频道，为用户提供丰富的视频内容。

（2）4K 画质：西瓜视频面向所有用户和创作人免费开放视频 4K 画质，并完成对市场主流视频分辨率的全面覆盖，为所有人在不同观看场景下提供丰富的选择。

（3）西瓜直播：西瓜视频的直播平台通过人工智能和关注关系帮助每个人发现自己喜欢的直播，并帮助创作者轻松地和全世界用户分享自己的作品。

（4）西瓜大学：致力于为广大视频创作者提供全方位免费培训。

（5）金秒奖：中国新媒体短视频奖项，被誉为中国短视频领域的"奥斯卡"。

2.好看视频：轻松有收获

好看视频是百度短视频旗舰品牌，全面覆盖知识、生活、健康、文化、历史、科普、科技、情感、资讯、影视等领域（图 1-14）。

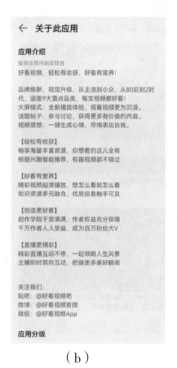

（a） （b）

图 1-14 好看视频 App 的一些版本及功能介绍

（a）一些版本；（b）功能介绍

好看视频依托百度技术，致力于为用户提供优质的视频内容。其主要功能包括以下几个部分。

（1）类别全而精：好看视频内容全面且划分得十分精细，既有"搞笑""影视""音乐"等大众化分类，又有"教育""军事""科技"等个性化分类，可以满足用户快速获取优质内容需求。

（2）"圈一下"功能：好看视频打造出专属社区符号，创作者和用户可以在视频中圈出有用的知识点、有趣的话题点、有态度的观点。实现知识的分享与互通，构建一个良好的视频知识社区。

（3）全面的内容生态：权威与优质内容齐上阵，内容来源包括权威政务机构、权威新闻媒体、优质创作者、头部 IP 等;内容类型丰富，涵盖短视频、直播、小程序、长视频等形式。

（4）优质内容一键关注：好看视频筛选权威媒体和优质自媒体账号进行分类，用户可一键关注。此外，用户在观看视频的过程中还可直接订阅视频发布者。

（5）搜索功能：优质视频资源一搜即有。

3. 爱奇艺：悦享品质

爱奇艺是一个以"悦享品质"为理念的视频网站。在短视频发展如火如荼之际，爱奇艺也推出了信息流短视频产品和短视频业务，加入短视频发展领域。

一方面，在爱奇艺 App 的众多频道中，有些频道就是以短视频为主导的。图 1-15 为爱奇艺"热点"和"同城"频道的短视频内容展示。

（a） （b）

图 1-15　爱奇艺"热点"和"同城"频道的短视频内容展示
（a）"热点"频道；（b）"同城"频道

另一方面，它专门推出了爱奇艺随刻 App。这是一款基于个性化推荐的、以打造有趣和好玩资讯为主的短视频应用（图 1-16）。

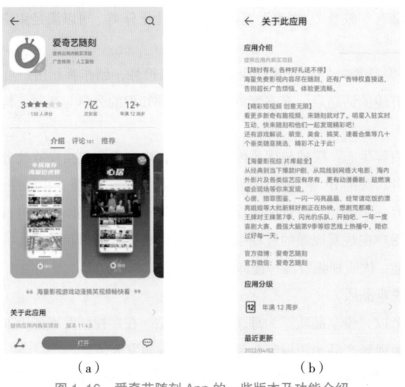

（a） （b）

图 1-16　爱奇艺随刻 App 的一些版本及功能介绍
（a）一些版本；（b）功能介绍

当然，在各有优势的短视频社交属性、娱乐属性和资讯属性等方面，爱奇艺选择了它自身的方向——偏向娱乐性。无论是爱奇艺 App 的搞笑、热点频道，还是爱奇艺随刻 App 中推荐的以好玩、有趣为主格调的短视频内容，都能充分地体现出其娱乐性。

4. 腾讯视频：不负好时光

对于短视频制作者来说，腾讯视频有着巨大的优势——庞大的移动端日活跃用户和付费会员。在短视频迅速发展起来的情况下，腾讯视频也开始多处布局短视频内容，并推出了众多短视频产品。

当然，在腾讯视频平台上，短视频内容也不遑多让——很多频道中包含有短视频内容身影。特别是在"乐活"频道，呈现出来的完全是一个与其他短视频App 一样的页面布局——分两列多栏的列表格式展示（图 1-17）。

图 1-17　"乐活"频道的列表式布局页面

在该频道中，用户点击完短视频跳转到相应页面后，除了与其他短视频平台一样展示内容外，它还会在页面上显示"发弹幕"图标，有利于发布者与用户、用户与用户之间更好地互动，从而在社交短视频化方面走得更远。

5. 优酷：你的热爱 正在热播

图 1-18　优酷"快看"频道界面

优酷是国内成立较早的视频分享平台，其产品理念是"快者为王——快速播放，快速发布，快速搜索"，以此来满足多元化的用户需求，并成为互联网视频内容创作者的集合地。

在优酷上，不管你是资深摄影师，还是一名拍摄爱好者，也不管你使用的是专业的摄像机，还是一部手机，只要是喜欢拍短视频的人，都可以成为"拍客"。

优酷首页的短视频入口位于在 APP 底部功能区（图1-18）。设有关注、推荐、热播、搞笑、直播、动漫、情感、影视、小剧场、少儿、美食、游戏、游戏、萌宠、生活、赶海、娱乐、热点等多个子栏目。每个栏目具体呈现都是单列、下滑，支持关注、点赞、评论、分享，可分享微信、微信朋友圈、钉钉、QQ、新浪微博、支付宝好友等。

（三）社区型短视频平台

1. 哔哩哔哩

哔哩哔哩（bilibili），是中国年轻一代高度聚集的文化社区和视频平台，该网站于 2009 年 6 月 26 日创建，被粉丝们亲切地称为"B 站"（图 1-19）。

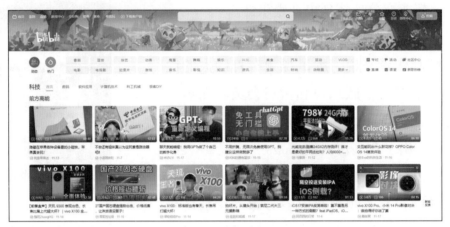

图 1-19　B 站 PC 端首页界面

B 站拥有动画、番剧、国创、音乐、舞蹈、游戏、知识、生活、娱乐、鬼畜、时尚、放映厅等 15 个内容分区，生活、娱乐、游戏、动漫、科技是 B 站主要的内容品类，还开设了直播、游戏中心、周边等业务板块。

在内容构成上，B 站视频主要由专业用户自制内容组成，即 UP 主（上传者）的原创视频。生活类内容在 B 站快速崛起，生活区不仅是百大 UP 主人数分布最多的分区，也成为 B 站全年播放量增长最快的内容分区。

B 站正成为年轻人学习的首要阵地。数据显示，学习直播已晋升为 B 站直播时长最长的品类。大批专业科研机构、高校官方账号入驻 B 站，如中国科学院物理研究所以账号"二次元的中科院物理所"上线 B 站（图 1-20），通过趣味科学分享，在 2 个月内揽获了超过 27 万粉丝。

图 1-20　"二次元的中科院物理所"主页

B 站逐渐成为传统文化爱好者的聚集地，以舞蹈、音乐、服饰等为代表的"国风"内容增长迅速。

B 站的特色是悬浮于视频上方的实时评论，即弹幕。弹幕可以给观众一种"实时互动"的错觉，用户可以在观看视频时发送弹幕，其他用户发送的弹幕也会同步出现在视频上方。弹幕能够构建出一种奇妙的共时性的关系，形成一种虚拟的部落式观影氛围，让 B 站成为极具互动分享和二次创造的文化社区。弹幕真正让 B 站从一个单向的视频播放平台变成了双向的情感连接平台。技术优势和文化优势也创造了弹幕生态环境与用户生态环境。

2. AcFun 弹幕视频网

AcFun 弹幕视频网（以下简称"A 站"），成立于 2007 年 6 月。A 站以视频为载体，逐步发展出基于原生内容二次创作的完整生态，是中国弹幕文化的发源地（图 1-21）。

超黏性的二次元用户社交使 A 站具有活跃的评论氛围、以弹幕内容为载体的正能量社交互动体系，并使 A 站具有产生和上浮"创意"内容的能力，由此产生了金坷垃、鬼畜全明星、我的滑板鞋、小苹果等网络流行文化。此外，A 站多元化的线上专题也在用户中拥有较高的地位。

最初作弹幕视频网站，以视频为载体，逐步发展出基于原生内容二次创作的完整生态，以高质量互动弹幕内容为特色，获得了超黏性的用户群体，累积了大量"80 后""90 后"和二次元核心用户，产生输出了大量网络流行文化，不仅是国内主要的二次元年轻人聚集地之一，也是 ACGN（动画、漫画、游戏、小说）文化爱好者的聚集圣地。

图 1-21　A 站 PC 端首页

五、打造优质账号

（一）精准定位

在注册账号的同时，意味着也要找到自己的精准定位和面向的观众，这往往涉及自我的身份认同，有时就让很多新人感觉有些犯难。

我们可以尝试通过以下方法进行探究：自己是否有出类拔萃的技能？这种技能可以是社会认可的职业性技能，如摄影、绘画、烹饪、办公软件应用，也可以是生活技能，如快速教会孩子绘制手抄报、做手工，或者清洁房间、整理衣物等。

（二）设置账号名称

对自己做出精准定位后，账号名称也在很大程度上决定了短视频制作者是否能迅速被观众认可、传播。账号名称不宜过长，要尽量简单化、个性化、人性化，尽量让观众瞬间就能记住。

（三）选取头像

真人头像往往最受粉丝欢迎，容易拉近与粉丝之间的距离，也会使粉丝黏性更强。除此之外，卡通头像、文字头像也很常见（图1-22）。

（a）　　　　　　　　　（b）　　　　　　　　　（c）

图1-22　选取不同类型的头像

（a）真人头像；（b）卡通头像；（c）文字头像

（四）标题拟定方式

1. 字数

首先，要确认不同平台对标题字数的要求，还要确认视频在网站、手机App等多个平台展示时，标题是否能显示完整，是否符合平台的阅读习惯。

2. 热点

如果内容与热点有关，一般以符合自己文章风格的方式在标题中提及。常见的热点标题会包含涉事人的名字、事件的名称、品牌等。

3. 共鸣

标题要最大限度地引起观众的共鸣，可以加入"你""我"这样的人称代词，也可以加入观众的情感碰撞点。

4. 擅用数字

数字往往能吸引观众点击观看，如10个助你自拍的方式、6个冬日菜谱。如果加上"最后一个太棒了"之类的短语，可以引导观众坚持看完视频。

5. 擅用疑问句

人们会被未知的东西所吸引，于是一种有效的标题方式便是擅用疑问句，如"这些清洁羽绒服的方式，你都知道吗？""孩子不爱吃饭，真正的原因你真的知道吗？"等。

6. 抓住人们的痛点

人们也会被"恐惧"或"痛点"所吸引，如养生、求职等。例如，"每天一杯热饮，暖胃又健康""HR 面试的 12 大经典问题"（图 1-23）。

图 1-23　HR 面试的 12 大经典问题

7. 巧设悬念

标题如果能制造悬念，就更能吸引观众点击观看，如"冬季如此搭配，最后一个绝了"。

（五）封面设置

在短视频平台观看视频的人大多是视觉优先的，许多人会根据封面来判断内容。爆款封面的基本特点包括清晰明亮、布局简洁、层次分明、对比强烈、彰显个性。例如，许多短视频制作者选择使用夸张、丰富的面部表情，这样设计最大的好处是能吸引观众的目光，而且真人往往能拉近与观众的距离。

如果能做到引起好奇、对比强烈、富有戏剧性，一定会为短视频的封面图锦上添花的。

（六）封面文字

在设计封面图的文字时，应做到以下几点。

（1）文字字号要大且居中，还要选择造型优美的字体。

（2）核心内容可以用颜色加以区分，快速体现核心观点。

（3）文字要删繁就简，最好不超过 10 个字。

（4）最好使用固定的风格与格式。

（七）设置标签与简介

设置好内容、标题和封面标题后，短视频还需要设置恰当的标签，让对某一类内容感兴趣的观众有更多机会看到视频。

　　简介是观众了解短视频制作者的重要途径。观众如果被某个短视频吸引，一般会点击制作者的头像，观看他发布的其他视频，此时简介就能让观众在短时间内了解视频内容特点。简而言之，好的简介决定了短视频制作者能否获得更多的粉丝。

　　（1）学生选择 3 个短视频平台注册账号，设置账号名称，上传头像，设置设计标签并写出简介。

　　（2）在班级范围内分享账号注册情况。

任务实施

一、任务工单

任务工单

任务：注册短视频平台账号　　　　　姓名：　　　　　学号：

项目	完成情况
短视频平台 1	
短视频平台 2	
短视频平台 3	
账号名称	
封面设计	
标签	
简介	
其他	

二、任务准备

　　（1）设备准备：

　　（2）场地准备：

三、任务步骤

下面以 B 站为例，介绍如何在该平台上注册账号，并对账号进行美化。

（1）打开网站首页，选择"登录"按钮，弹出"登录/注册"界面，如图 1-24 所示。网站提供了五种登录模式:密码登录、短信登录、微信登录、微博登录和 QQ 登录。单击"注册"按钮，自动跳转短信登录界面，输入手机号码，获取并输入验证码，单击"登录"或"注册"按钮，如图 1-25 所示，完成注册，成为网站会员或直接登录。

图 1-24　打开"注册/登录"界面

图 1-25　完成注册

（2）将鼠标停在主页顶侧中间的小头像上，在出现的界面上选择"个人中心"，如图 1-26 所示。在如图 1-27 所示的页面上，选择"我的信息"，可以设置昵称、签名、性别、出生日期等信息；选择"我的头像"，可以设置头像；为了保证正常使用和账户安全，可以选择"账号安全"，设置登录密码，绑定邮箱。

图 1-26 会员页面

图 1-27 "个人中心"页面

（3）创建好的账号中的个人空间页面如图 1-28 所示。

图 1-28 个人空间页面

四、任务评价

序号	任务	能力	评价
1	塑造优质短视频账号	能对自己进行精准定位	
2		能选择短视频平台设置有吸引力的账号	
3		能设置账号头像	
4		能合理设置标签，并写好个人简介	

注：评分标准为给出 1~5 分，它们各代表：较差、合格、一般、良好、优秀。

五、任务总结

（1）准备工作做得是否充分？

（2）注册短视频账号及相关任务完成情况是否实现了个人目标？

拓展阅读

优质短视频的必备要素

1. 价值与趣味

价值与趣味对于短视频来说是无法分割的，只有价值但内容枯燥的短视频无法打动大部分人，而只有趣味鲜有价值的短视频也许能火一时，却容易让人厌倦，最终被取消关注。而拥有价值与趣味的视频可以让观众在获取有用知识的同时，身心也愉悦。而达成这一点，通常需要经得起推敲的知识或信息点、真实的人物和故事，以及贴近生活的情感。

2. 清晰的画质

视频画质是否清晰在很大程度上决定了观众是否会继续观看，尤其是短视频，如果模糊、看不清，很容易让观众在第一时间就跳过。

3. 优质的标题

标题是视频的窗口，标题的好坏直接影响到视频播放量的高低和互动数据的多少。吸引眼球的标题，能让观众快速了解视频并点击观看。

4. 音乐的节奏

短视频的内容节奏很重要，背景音乐的节奏也同样重要。音乐风格的选择自然要与短视频内容的风格一致，如搞笑的视频常配欢快且带动效的音乐，休闲的视频配轻音乐等。短视频中节奏感强的音乐更吸引人，也让视频整体节奏更协调，容易让人记住。

5. 精心制作

虽然偶尔会有看似是个人制作的视频突然火爆起来，但往往这些视频背后有着许多不为人知的尝试，以及一个组织周密的团队。短视频整体的制作质量由整个团队的脚本、表演、拍摄、剪辑和后期加工等多方面决定。

📖 课 后 练 习

一、填空题

（1）短视频平台可以分为_____、_____、_____和_____四大类。

（2）我们可以尝试找到自己的精准定位和面向的观众，方法是_____

_____。

（3）账号名称不宜过长，要尽量做到_____、_____、_____，尽量让观众瞬间就能记住。

（4）_____头像往往最受粉丝欢迎，容易拉近与粉丝之间的距离，也会使粉丝黏性更强。

（5）爆款封面的基本特点包括_____、_____、_____、_____、

_____。

二、简答题

（1）写出标题的拟定方式。

（2）在设计封面图的文字时，应做到以下几点。

（3）简述抖音的特色功能。

（4）简述快手的特色功能。

（5）简述西瓜视频的特色功能。

（6）简述好看视频的特色功能。

（7）简述B站的特色功能。

任务二 组建短视频创作团队

任务导入

　　在实习过程中，慧敏发现新森公司实施部分为若干个团队，每个团队人数不等，各有分工。实施部同事刘伟告诉慧敏，每当出现创作任务的时候，项目负责人就会根据员工能力和项目难易程度组建短视频创作团队。现在，慧敏已经成为刘伟负责的短视频创作团队的一员，刘伟对她交代了任务和职责。慧敏还只是实习生，还有很多知识和技能需要学习，但是她有信心完成任务。

知识储备

　　现在，短视频制作已经从独自完成转变为团队合作了，只有这样，作品才更具专业性。要想拍摄出火爆的短视频作品，创作团队的组建不容忽视。那么，完成一个具有专业水准的短视频作品创作到底需要哪些团队成员呢？

一、编导

　　在短视频创作团队中，编导是"最高指挥官"，其作用相当于导演，主要对短视频的主题风格、内容方向及短视频内容的策划和脚本负责，按照短视频定位及风格确定拍摄计划，协调各方面人员，以保证创作工作顺利进行。另外，由于拍摄和剪辑环节也需要编导参与，这个角色非常重要。

　　编导的工作主要包括短视频策划、脚本创作、现场拍摄、后期剪辑、短视频包装（片头、片尾的设计）等。

二、摄像师与灯光师

　　优秀的摄像师是短视频取得成功的关键因素，因为短视频的表现力及意境都是通过镜头语言来表现的。一个优秀的摄影师能够通过镜头完成编导规划的拍摄任务，并给剪辑留下非常好的原始素材，从而节约大量制作成本，并完美地达到拍摄目的（图 1-29）。因此，摄像师需要了解镜头脚本语言，精通拍摄技术，对视频剪辑工作也要有一定程度的了解。

图 1-29　短视频拍摄

灯光师的职责是利用各种专业灯光设备，根据不同的拍摄风格，创造出短视频中的灯光效果，有时候甚至需要通过灯光创作出各种奇异的光影特效。

三、剪辑师

剪辑是声像素材的分解重组工作，也是对摄制素材的再创作，看似是将素材变为作品的过程，实际上是一个精心的再创作过程（图 1-30）。

图 1-30　短视频进行后期制作

剪辑师是短视频后期制作中不可或缺的重要职位。一般情况下，在短视频拍摄完成之后，剪辑师需要对拍摄的素材进行选择与组合，舍弃一些不必要的素材，保留精华部分，还会利用一些视频剪辑软件对短视频进行配乐、配音及增加特效工作，其根本目的是更加准确地突出短视频的主题，保证短视频结构严谨、风格鲜明。

对于短视频创作来说，后期制作犹如"点睛之笔"，可以将杂乱无章的片段进行有机组合，从而使其形成一个完整的作品，而这些工作都需要剪辑师来完成。

四、运营人员

虽然精彩的内容是短视频得到广泛传播的基本要求，但短视频的传播也离不开运营人员对短视频的网络推广。在新媒体时代，由于平台众多，传播渠道多元化，若没有优秀的运营人员，无论内容多么精彩的短视频也会淹没在信息大潮中。由此可见，运营人员的工作直接关系着短视频能否被观众注意，进而成为爆款。运营人员的主要工作内容如表1-2所示。

表1-2　运营人员的主要工作内容

工作	具体内容
内容管理	为短视频提供导向性意见
用户管理	负责手机用户反馈，策划用户活动，筹建用户社群等
渠道管理	掌握各种渠道的推广动向，积极参与各种活动
数据管理	分析单渠道播放量、评论数、收藏数、转发数背后的意义

五、演员

拍摄短视频所选的演员一般是非专业的，因此在这种情况下，一定要根据短视频的主题慎重选择，演员和角色的定位要一致。不同类型的短视频对演员的要求是不同的。例如，"吐槽"类短视频倾向于一些表情比较夸张，可以惟妙惟肖地诠释台词的演员；故事叙事类短视频倾向于演员的肢体语言表现力及演技；美食类短视频对演员传达食物吸引力的能力有着较高的要求（图1-31）；生活技巧类、科技数码类及电影混剪类短视频等对演员没有太多演技上的要求。

（a）

（b）

图1-31　演员
（a）"吐槽"类短视频演员；（b）美食类短视频演员

任务布置

（1）学生自由组合，5~8人为一组，分为若干个短视频创作团队，并为自己的团队取一个有特色的名称和口号。

（2）每个团队按照成员的能力和意愿进行分工，编导为组长。

（3）组长向全班同学介绍自己的团队，说明团队的名称、口号，团队成员及其分工与特长。

任务实施

一、任务工单

任务工单

任务：组建短视频创作团队

项目	完成情况
团队成员	
团队分工	
团队名称	
团队口号	
团队能力分析	

二、任务准备

（1）设备准备：

（2）场地准备：

三、任务步骤

若要快速高效地组建一个短视频团队，要回答以下两个问题：第一，什么样的人能做出优质的短视频？第二，如何将需要的人才组成团队？

1. 什么样的人能做出优质的短视频

从图 1–32 中可以看到制作短视频时要经历的工作流程。

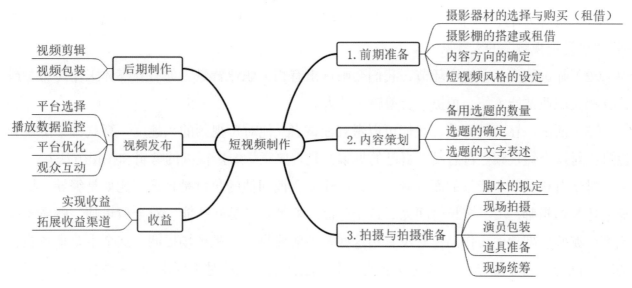

图 1–32　短视频制作的工作流程

短视频制作的工作流程包括几个大的模块，假设一个人就可以承担，那么他需要具备哪些技能呢？答案是：他需要会策划、会拍摄、会表演、会剪辑、会包装、会运营。显然，这些工作不是一个人能够独立承担的，尤其是在当前这种短视频制作与运营逐渐成熟的条件下。

一个短视频创作团队通常由四人或五人组成，除了演员，还有编导、摄影师、剪辑师、运营人员，每个人都要兼顾多项工作，掌握多项技能，必要时还要充当演员（表 1–3）。当然，人员数量和创作方向有很大关系，比如创作旅游方面的短视频时，仅凭 4~5 人的团队是无法满足需要的。

表 1–3　短视频创作团队应具备的技能

团队角色	策划	脚本	拍摄	剪辑	包装	能上镜	表达沟通能力	学习能力
编导	精通	精通	√	√	掌握	√	√	√
摄影师	√	精通	精通	√	掌握	√	√	√
剪辑师	√	√	※	精通	精通	√	√	√
运营人员	√	※	※	掌握	掌握	√	√	√

注：√表示需要此项技能较好；※ 表示可以不掌握此项技能，但是需要时可以学习。

2. 如何将需要的人才组成团队

与志同道合的朋友、同学组成短视频创作团队是一种方法，如果初创的团队缺少某方面的人才，就需要通过招聘或推荐的方式获取人才。

（1）发布职位。我们可以在招聘网站上发布招聘职位，建议优先考虑"热爱互联网""热爱短视频"的人才。

（2）筛选简历。在这个环节，我们会筛选出有相关职业背景（如有新媒体工作经历）或者有相关职业技能（如会拍摄、会剪辑）的人。

（3）面试。在面试环节，我们可以考察面试者：他对短视频的兴趣度？喜欢哪个短视频栏目？对这个短视频栏目有没有自己的见解？是否愿意学习短视频的剪辑和拍摄方法？

对于有相关职业背景的面试者，一是问作品。询问他的角色是什么，比如是编导、摄影师，还是剪辑师；用了多长时间完成这个作品；等等。二是问技能。对于剪辑师，就需要问他都会哪些后期软件，作品里有没有用这些软件的成果。三是现场提问。这个主要是考验临场反应能力。对于编导，可以现场给他一个主题让他策划；对于摄影师，播放几段短视频，问他这些视频在拍摄上各有什么优缺点。

四、任务评价

序号	任务	能力	评价
1	组建短视频创作团队	能顺利完成短视频创作团队的组建	
2		能在反复协商的基础上确定团队的名称与口号	
3		能够根据团队成员的个人能力和意愿分工	

注：评分标准为给出 1~5 分，它们各代表：较差、合格、一般、良好、优秀。

五、任务总结

（1）准备工作做得是否充分？

（2）组建短视频创作团队及相关任务完成情况是否实现了目标？

怎样搭建高效的短视频团队

搭建一个高效的短视频团队矩阵有哪些要求呢？

一、短视频创作者必备技能

搭建短视频团队，要根据视频的方向和人员的分工来进行，不同的工作任务对成员的基本技能要求也是不同的，但作为优秀的短视频创造者，团队中的任何成员都要具备一些基本的能力。

1. 营销能力

对用户的喜好和痛点完全了解，要做一个目标用户的画像，如果短视频定位的人群是宝妈，就得了解她们关心什么？在意什么？她们的痛点是什么？需要站在用户的角度去思考问题，只有了解了客户的需求，才能卖出去货。

2. 内容策划能力

无论是过去的传统媒体，到移动媒体，再到现在的以短视频为媒介的传播，内容始终是爆款的核心，在做好内容的基础上，才有粉丝量，后期才能实现转化变现，若要做出好的内容，就得不断提升自己的策划水平。

3. 运营能力

根据各个平台的算法机制总结出一套符合平台规则推送机制的方案，对自己的视频进行扩大推广，形成一个矩阵，提升每个平台用户对产品的认知度，扩大传播量，从而形成多方位的矩阵吸粉。

4. 审美能力

一个能够广为流传的短视频往往需要具有一定的美感。摄影、摄像的角度，文案的策划，内容的剪辑等，都对团队每个成员的审美能力有基本的要求，对于审美的能力，无论是不是短视频领域，都需要不断提高审美能力，并应用在日常工作中。

5. 分析能力

要想取得足够的曝光度，运营人员一定要能够从其他优秀的作品里学习经验，对传播量较广的短视频从数据、用户反馈等多个方面进行分析，从而摸索规律应用于自己的作品。例如，在抖音短视频上发布的一些数据有点赞量、评论量、转发量、完播量，一般情况下，视频的完播量在1000以上，可以说明内容较好，若点赞量高，则说明你调动了用户的情绪，要想评论量高，就得让你的短视频有吐槽点，能让用户有发起评论的欲望，转发量高则说明产品简单实用。

6. 学习能力

短视频领域知识的更迭速度较快，需要每位从事短视频创作的人员在自己的专业领域摸索、创新，不断学习，不断进步，不断突破。

二、短视频团队常见配置

1. 八人／五人团队

一般情况下，PGC（Professionally-generated Content，专业生产内容）团队会搭建比较完备的团队配置，其中每个人都有明确的分工，可以有效把控每个环节，并使产出的视频质量出类拔萃。

（1）导演。导演这个角色相当于公司的 CEO，统领全局的职能角色，设定短视频的方向，呈现的主要风格是温情的、搞笑的，还是有用的呢？对内容的基调有准确的设定，短视频制作的每一个环节，从选题、策划、拍摄、剪辑，再到推送等，都需要导演的把关和参与。

（2）IP／演员。演员在账号上是不可或缺的一员，特别是由于现在短视频行业走向精细化运营，高黏性的 IP 人设就是账号的灵魂，可使内容更加生动，起到锦上添花的作用。对入境的演员进行人物的设定，打造它的人物形象，表现出的语言、行动、外在形象等都能展示演员的人设。

例如，之前火爆全网的国风美食博主人设是怎样的呢？

形象："国风美女"，美食短视频创作者，直播达人，被称为"东方美食生活家"。

背景：梦幻一般的乡间小院；如诗如画的中国乡村。

行为弧线：作品通常以农耕、烹饪、手工制作等为主题，展示了中国传统文化的魅力。这些视频画面优美，节奏舒缓，给人一种宁静的感觉。

呈现的世界观：呈现了一个人际关系和谐、生活富足安逸的乡村；通过特写镜头来呈现劳作细节，展现出女性的智慧与美丽。

（3）内容策划。确定选题，搜寻热点话题，进行题材的把控和脚本的撰写。

（4）摄影师。摄影师在短视频中非常关键，一个好的摄影师能够降低剪辑成本，也能让短视频成功一半。摄影师要善于运用镜头，把控拍摄画面的构图，设计镜头，也就是说要知道怎么拍。

（5）剪辑师。把控整个短视频的节奏，前期参与在内容策划中，有针对性地对拍摄的素材进行必要的取舍，同时还要添加合适的配乐、配音及特效，通过对短视频内容的剪辑来和观众进行沟通。

（6）运营。针对不同平台及不同用户的属性，通过文字的引导增加用户对视频内容的期待，然后进行平台渠道分发、用户反馈管理、粉丝的维护及评论的维护。

（7）灯光师。需要对影棚进行搭建，运用明暗进行巧妙的画面构图，创作出各种符合视频格调的"光影效果"。

（8）配音师。有时候声音也决定了一个视频的质量，不妨想想对于一个普通话标准、声音有磁性的人，用户一定会多停留一会儿，声音也更能引起他们的注意，用户也能感知你的情绪，而产生一些行为。

那么在这8个角色中，从经济的角度考虑，一个人可以同时身兼两个职位，比如摄影师和剪辑师，编导和内容策划，灯光师和配音师，而且演员也可以根据团队的需求做出取舍。

2. 两人团队

如果短视频团队要保留两个关键的角色，那么一定是内容策划和短视频的拍摄剪辑，即使一人分饰多角，也能维持整个短视频的运作。

（1）内容策划。内容策划的核心职能是脚本策划和镜头辅助，能有人入境充当演员的角色。

（2）视频拍摄和剪辑。能拍摄又能剪辑就是一个全能型的人才，负责和视频内容相关的所有工作，包括策划、镜头、脚本拍摄、剪辑、推送等，必要的时候，需要充当演员。

3. 一人制作

制作短视频不可缺少的角色，就是文案策划，花费两三天的时间就可以自学简单的拍摄剪辑操作，总之，一个人的短视频团队要求你要会策划、会拍摄、会演、会剪辑、会运营，不仅花费你的精力，也考验你的能力。

例如，很多好物种草或者测评类账号，都是制作者一个人运营的。

三、短视频团队运作

短视频团队组建好了，但是要怎样高效地运转呢？出类拔萃的方式是把这件事作为标准化的标准步骤统一下来，用来规范每天重复的日常工作。

再进行细分每周／日的工作计划，只有将每一项的内容分解到精细化、标准化，落实到每周、每日，那也会更容易执行。

制定一系列的流程是为了更高效地把工作进行下去，当然，作为一个短视频团队，也免不了有要讨论、要沟通的时候，五个人要团结一致，有共同的目标，朝着大方向、大目标，一点点地完善视频内容的各个方面，那么推送的短视频的内容一定能够脱颖而出。

📖 课 后 练 习

一、填空题

（1）在短视频创作团队中，＿＿＿＿＿＿是"最高指挥官"，相当于导演，主要对短视频的主题风格、内容方向及短视频内容的策划和脚本负责。

（2）编导的工作主要包括_____。

（3）摄像师需要了解_____，精通_____，对_____也要有一定了解。

（4）灯光师的职责是_____。

（5）在短视频拍摄完成之后，剪辑师需要对拍摄的素材进行_____，舍弃一些不必要的素材，保留精华部分，还会利用一些视频剪辑软件对短视频进行配乐、配音及特效工作，其根本目的是_____。

（6）短视频演员一定要根据短视频的_____慎重选择，演员和角色的定位要一致。

二、简答题

运营人员的主要工作内容包括哪些？

项目二

短视频脚本策划与撰写

慧敏作为刘伟短视频创作团队的成员，第一次参加团队的例会。团队的任务是为一所学校制作一组宣传视频。这所学校是当地的重点中学，而今年恰逢该校建立100周年，学校委托新森公司制作一组视频作为百年庆典的一部分。

新森公司十分重视这个项目，让实施部总监陈平平也参加了这次例会，嘱托团队成员一定要优质高效地完成视频制作任务。短视频创作团队本周的任务就是根据学校提供的素材，撰写脚本，为日后的拍摄与后期制作打下基础。

项目目标

知识目标

1. 掌握短视频脚本的类型;

2. 掌握短视频脚本的构成要素;

3. 掌握短视频脚本的撰写流程;

4. 掌握短视频脚本的设计要点。

技能目标

1. 能够根据实际情况选择合适的短视频脚本形式;

2. 能够根据创作主题确定短视频脚本的整体思路;

3. 能够根据创作主题为短视频脚本设定人物和场景;

4. 能够根据创作主题设计短视频脚本的旁白与台词;

5. 能够针对观众的不同心理设计短视频脚本。

素养目标

1. 树立终身学习、爱岗敬业、团队合作的意识;

2. 形成认真负责、团结友爱的职业作风。

思维导图

```
                                    任务一              一、短视频脚本的类型
                                确定短视频脚本类型
                                                       二、脚本的构成要素
            项目二
        短视频脚本策划与撰写

                                    任务二              一、短视频脚本的撰写流程
                                撰写短视频脚本
                                                       二、短视频脚本的设计要点
```

任务一　确定短视频脚本类型

任务导入

在例会上，刘伟与大家讨论了本周的工作重点。他表示，这个项目时间紧张，任务繁重，工作量大，所以有必要突出重点，对于短视频脚本的撰写不必面面俱到，对于简单的任务，拟定拍摄提纲即可；对于复杂而重要的任务，则需要拟定分镜头脚本。

会后，慧敏开始协助刘伟拟定脚本，她首先要解决下面的疑问：短视频脚本分为哪些类型？分别由哪些要素构成？

知识储备

俗话说"兵马未动，粮草先行"，在短视频拍摄的前期准备中哪个环节是最重要的呢？答案是脚本的撰写。那么，短视频脚本的类型有哪些呢？

一、短视频脚本的类型

（一）拍摄提纲

拍摄提纲是为短视频搭建的基本框架。选择拍摄提纲这类脚本，大多是因为拍摄内容存在较多的不确定因素。此类脚本适合纪录类和故事类短视频的拍摄。

（二）文学脚本

文学脚本在拍摄提纲的基础上增添了一些细节内容，从而变得更加丰富和完善。它将拍摄中的可控因素罗列出来，现场拍摄时如遇到不可控因素，则由拍摄团队随机应变，适合用在一些不存在剧情、直接展现画面和表演的短视频的拍摄方面。

（三）分镜头脚本

分镜头脚本最细致，可以将短视频中的每个画面展现出来，对镜头的要求会逐一写出来（图 2-1）。分镜头脚本对短视频的画面要求很高，更适合用在类似微电影的短视频上。

镜号	景别	摄法	技巧	内容说明	持续时间/秒	备注说明
1	远-全	定+移	渐显	九月初，烈日当空，某大学门口，新生络绎不绝，熙熙攘攘，父母都来送新生报到，镜头略过各新生接待处，父母拉着大号行李箱，年轻的新生们背着双肩包，拿着入学通知书，洋溢着青春与希望。	10	背景音：嘈杂的人声，车子的喇叭声，知了声
2	中	移		大学名称及欢迎新生入学报到的大幅海报	3	O.V.：请同行家长配合将车停在校外，私家车不得入内
3	近	跟+上移		**简宁父**拉着行李箱，**简宁母**拎着行李包	3	背景音：拖动行李滚轴的声音
4	近	越肩+跟		**简宁**在父母前方背着书包在人群中寻找【信息工程学院】报名处	3	O.V.：请各位同学到各自学院处报道
5	特	定+移		**简宁**手中的信息工程专业入学通知书	2	
6	特	定		**简宁母**：（焦急，停下脚步，擦汗）宁宁，你慢点啊！人这么多，待会儿别走散了找不到路	15	台词
7	特	定		**简宁父**停下脚步，稍转头，递上水瓶，接过**简宁母**的行李包	10	
8	特	跟		**简宁**停下脚步，回头走向自己父母，打开手上水瓶喝了口水	10	
9	特	定		**简宁母**（心疼）急忙从包里拿出湿巾纸给简宁擦汗	8	
10	特	定		**简宁**撇头，略躲开	2	

图 2-1 分镜头脚本示例

　　分镜头脚本的创作必须充分体现短视频故事所要表达内容的真实意图，还要简单易懂，因为它是一个在拍摄与后期制作过程中起着指导性作用的总纲领。此外，分镜头脚本还必须清楚地表明对话和音效，这样才能使后期制作完美地表达出原剧本的真实意图。

二、脚本的构成要素

　　脚本的构成要素包括框架搭建、主题定位、人物设置、场景设置、故事线索、影调运用、音乐运用和镜头运用，如表 2-1 所示。

表 2-1 脚本的构成要素

要素	说明
框架搭建	搭建短视频总构想，如拍摄主题、故事线索、人物关系、场景选地等
主题定位	短视频想要表达的中心思想和主题
人物设置	需要设置几个人，他们分别要表达哪方面的内容
场景设置	在哪里拍摄，是室内、室外、棚拍还是绿幕抠像
故事线索	剧情如何发展，利用怎样的叙述方式来调动观众情绪
影调运用	根据短视频的主题情绪，配合相应的影调，如悲剧、喜剧、怀念、搞笑等
音乐运用	用恰当的音乐来渲染剧情
镜头运用	使用什么样的镜头进行短视频内容的拍摄

（1）教师准备脚本，各种类型均有，数量略多于学生分组数量。

（2）各组组长（即编导）随机选择脚本，就脚本的类型和构成要素进行小组讨论。

（3）各组编导说明所选脚本的类型，指出其构成要素，说明其使用场景。

任务实施

一、任务工单

任务工单

任务：分析短视频脚本　　　　　　团队名称：

项目	完成情况
脚本名称	
脚本类型	
脚本构成要素	

二、任务准备

（1）设备准备：

（2）场地准备：

三、任务步骤

脚本是短视频拍摄、剪辑的依据（图2-2），一切参与短视频拍摄的编导、摄影师、演员等，以及参与后期制作的剪辑师都要服从脚本的安排。简而言之，脚本是短视频创作的核心。

在编写短视频脚本时，除了设计出故事情节，还要掌握一些"爆款"技巧锦上添花。

1."爆款"三原则

（1）必现原则：在短视频的前3秒必须出现视频的核心观点。如果短视频前3秒还没有出现核心观点，用户很容易选择离开。

（2）内容原则：短视频可以追踪"热点"，但必须注意内容要有正能量。

图 2-2　脚本是短视频拍摄、剪辑的依据

（3）作品易聚焦、易理解、易互动：一个短视频要表达一个核心信息点，叙事简单清晰，用户能在最短的时间内理解视频内容，能主动参与互动，降低互动门槛。

2.爆款技巧

（1）调动情绪。短视频一定要制造情绪的冲突，要制造争议引出评论。例如：

年轻人"躺平"是谁的错？（疑问引起争议）

胖还走时尚风怎么了？我就是这样自信！（炫耀诱导评论）

（2）标题很重要。标题有两大关键作用：一是给短视频平台看，以获得更多精准推荐；二是给用户看，提升短视频的互动率（转发、评论、点赞，即"转评赞"）和完播率。常用的"爆款"标题模板有以下几种：

①引起悬念。通过间接的方式，激发目标用户好奇心。示例：

平台上播放量过亿的 MV，你看过几个？

②用好数字。大脑会筛选那些同质化信息，反之就是会优先识别与众不同的东西。利用好数字，我们就能获得意想不到的效果。示例：

35 岁的男人，身体告诉你这三点一定要警惕了！

在上述标题中，我们最先看到的一定是数字。这是因为数字的表达方式不同于汉字，大脑会优先识别出来。在标题中使用数字，能够帮助标题增加辨识度。

③明确利益。很多分享生活小技巧或者行业知识的短视频，作者在标题中就简单、直接地说分享内容能带来何种效果（图 2-3）。

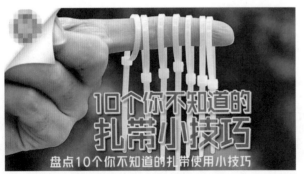

图 2-3　在标题中明确利益

（3）蹭热点有讲究。

①时事型热点：一般由社会、民生、娱乐事件引发热议内容，爆发强，流量多，要求响应速度快，保证时效性。建议提取核心关键词进标题或封面，开头部分可以简单回顾事件，然后进入正文。

②节点型热点：如节日、高考、春运等热点事件。对于此类热点，我们需要提前策划，但由于同类短视频较多，要求切入点新颖，内容出人意料。

③平台型热点：平台举办的活动、热门背景音乐（BGM）等，如前不久火爆一时的刘畊宏全民健子操。该类热点出现频率高，易模仿，时效长，但不易与核心创作定位结合起来，建议选择符合自己核心定位的活动，不需要刻意模仿。

（4）文案要多打磨。这个问题，B站某位UP主或许能给你答案。这位UP主曾发布了一条"鲁迅是被吹捧出来的吗"视频，短短几天播放量就超过了300万次。在这条视频中，他讲述了自己对鲁迅的初步认知，以及国内外作家对鲁迅的看法，向观众传递出鲁迅的巨大影响力，也让观众开始重新认识鲁迅。截至目前，他的"谈鲁迅"系列已经更新了26个篇章，超过3400万次播放。正如这位博主所说，我们读书的时候看鲁迅的作品，都看不懂，觉得是一棵小草，没意思，但过了这么多年，长大了再去读，才发现它原来是一棵参天大树，我们都能从他的作品里找到共鸣、获得力量。

四、任务评价

序号	任务	能力	评价
1	确定短视频脚本类型	对脚本的含义有较深了解	
2		能够区分短视频脚本的类型	
3		能够根据实际需要确定脚本类型	
4		能够对脚本进行分析确定脚本各要素	

注：评分标准为给出1~5分，它们各代表：较差、合格、一般、良好、优秀。

五、任务总结

（1）准备工作做得是否充分？

（2）团队成员在任务实施过程中是否实现了个人目标？

拓展阅读

策划拍摄提纲的步骤

策划拍摄提纲主要分为以下四个步骤。

1. 确定主题

确定主题指拍摄视频之前要明确视频的选题、创作方向。可以用一句话说明白拍摄一个什么样的视频。例如，拍摄一条视频：带领用户体验一下北京的南锣鼓巷都有哪些美食和乐趣。

2. 情境预估

情境预估指罗列拍摄现场是什么样或拍摄事件将有什么事情发生。例如，南锣鼓巷可能会人山人海，会有很多美食店和好玩的店铺等。应该着重拍摄2~3家具有代表性的美食店和娱乐店铺。

3. 信息整理

信息整理指提前准备和学习拍摄现场或事件相关的知识，这使得拍摄时不至于解说得毫无逻辑。例如，从历史角度介绍，南锣鼓巷及周边区域曾是元大都的市中心，明清时期则更是成为一处大富大贵之地，这里的街巷挤满了达官显贵，王府豪庭数不胜数，直到清王朝覆灭后，南锣鼓巷的繁华也跟着慢慢落幕。

南锣鼓巷现在是北京一条有着鲜明特色的古老街区，是北京保护最完整的四合院区，整条街以四合院小平房为主，门前高挂小红灯笼，装修风格回归传统、朴实。与三里屯、后海不同，这里比较安静、和谐、自然，身居闹市却远离喧嚣，更贴近生活。

南锣鼓巷周围有很多名人故居，如齐白石故居、茅盾故居等。

4. 确定方案

确定方案指确定拍摄方案，主要包括时间线、拍摄场景、话术三个部分。

📖 课后练习

一、填空题

（1）拍摄提纲是为短视频搭建的基本框架，适合＿＿＿＿＿和＿＿＿＿＿短视频的拍摄。

（2）文学脚本适合一些＿＿＿＿＿的短视频的拍摄。

（3）分镜头脚本对短视频的画面要求很高，更适合类似＿＿＿＿＿的短视频。

（4）分镜头脚本必须清楚地表明＿＿＿＿＿和＿＿＿＿＿，这样才能让后期制作完美表达出原剧本的真实意图。

二、简答题

简述脚本的构成要素。

任务二　撰写短视频脚本

马上就要开始短视频脚本的撰写工作了，慧敏却没有头绪。看到慧敏一筹莫展的样子，刘伟说："撰写脚本前，首先要理清整体思路，循序渐进地拟定脚本初稿，然后反复修改，直至定稿，脚本修改的关键在于理解观众的需求。"

刘伟接着说："本次项目的核心是学校百年庆典，所以我们在撰写脚本的时候就要抓住这个关键点。"

知识储备

脚本就像建造房子的蓝图，表现整个短视频的脉络和方向，也是短视频内容的基石，是一个短视频是否"好看"、能否打动人的关键因素。那么如何策划并撰写短视频脚本呢？

一、短视频脚本的撰写流程

（一）确定整体思路

1. 确定拍摄的内容

每条短视频都应该要有明确的主题，以及为主题服务的内容。

2. 拍摄的时间

有时，拍摄一条短视频涉及的人员可能比较多，此时就需要通过拍摄时间的确定来确保短视频拍摄工作的正常进行。

有的短视频内容可能对拍摄时间有一定的要求，也需要在编写脚本时将拍摄的时间确定下来。

3. 拍摄的地点

许多短视频对于拍摄地点有一定的要求，如是在室内拍摄，还是在室外拍摄？是在繁华的街道上拍摄，还是在静谧的山林中拍摄？这些因素都应该在编写短视频的脚本时确定下来（图2-4）。

（a）　　　　　　　　（b）　　　　　　　　（c）

图2-4　确定拍摄地点

（a）示意一；（b）示意二；（c）示意三

4. 使用的背景音乐

背景音乐是短视频内容的重要组成部分，如果背景音乐用得好，甚至可以成为短视频内容的点睛之笔。

（二）梳理创作过程

1. 确定主题

确定主题是短视频脚本创作的第一步，也是关键的一步。因为只有确定了主题，短视频运营者才能围绕主题策划脚本内容，并在此基础上将符合主题的重点内容有针对性地展示给核心目标群。

2. 构建框架

主题确定下来之后，需要做的就是构建起一个相对完整的脚本框架。例如，可以从什么人在什么时间、什么地点，做了什么事，造成了什么影响的角度出发，勾勒出短视频的大体框架。

3. 完善细节

内容框架构建完成后，短视频运营者还需要在脚本中对一些重点的内容细节进行完善，让整个脚本内容更加具体化。例如，对出镜人员的穿着、性格特征及特色化语言进行策划，让人物角色更加形象和立体化。

（三）详细设定人物场景

1. 人物设定

人物设定的关键就在于通过台词、情绪变化、性格塑造等来构建一个立体化的形象，让观众对短视频中的相关人物留下深刻的印象。

2. 场景设定

短视频创作团队可以根据短视频主题的需求，对场景进行具体的设定。例如，要制作美食类短视频，可以在编写脚本时把场景设定在厨房中（图2-5）。

图2-5　美食类短视频场景

（四）设计视频旁白台词

在短视频中，人物对话主要包括短视频的旁白和人物的台词。短视频中人物的对话，不仅能够对剧情起到推动作用，还能显示出人物的性格特征。

因此，短视频创作团队在编写脚本时要重视人物对话，要结合人物形象来设计对话。有时为了让观众对人物留下深刻的印象，创作团队需要为人物设计有特色的口头禅。

（五）确定具体镜头

脚本分镜就是在编写脚本时将短视频内容分割为一个个具体的镜头，并针对具体的镜头策划内容。其主要包括分镜头的拍法（包括景别和运镜方式）、镜头的时长、镜头的画面内容、旁白和背景音乐等。

在策划分镜头内容时，不仅要将镜头内容具体化，还要考虑到分镜头拍摄的可操作性。

二、短视频脚本的设计要点

（一）重视故事情节设计

1. 加强人设特征

人设就是人物设定，简单的理解，就是给人物贴上一些特定的标签，让受众可以通过这些标签准确地把握人物的某些特征，进而让人物形象在用户心中留下深刻的印象。

> **案例分享**
>
> 某抖音账号发布的一个短视频，基本内容如下：小偷偷钱包时被大妈看到了（大妈将其解释为小偷是太冷了，想要伸手去取暖），大妈就给他披上了一件大衣。小偷知道自己偷钱包的行为被大妈发现了，于是落荒而逃。过了一会儿，大妈又碰到那个小偷在偷钱包，使用各种看似"善意"的方式让小偷感受"温暖"。最终，小偷在被大妈连续发现几次之后，一看见她就跑，而大妈就骑着电动车在后面追，还表示——这样跑着就不会冷了。

这个抖音账号经常会发布一些短视频来加强大妈"乐于助人"（实质是用智慧应对现实中的不平之事）的形象，让观众牢牢记住了短视频中幽默、善良又充满智慧的大妈。很显然，创作团队是在通过清晰的内容定位来加强大妈的特征。

2. 极尽幽默之能

许多观众之所以喜欢刷短视频，就是因为从短视频中可以获得快乐。所以，短视频创作团队要善于编段子，通过幽默的短视频剧情，让观众从短视频中获得快乐。

网络上有这样一个视频：一个小孩在打篮球时，不小心把篮球卡在篮筐上了。看到小孩想要用自己的拖鞋把篮球打下来时，路过的一个男子主动上前帮忙，结果不仅没有把篮球打下来，还把小孩的鞋子也卡在了篮筐上。看到这种情况之后，该男子便想用自己的鞋子把篮球和小孩的鞋子打下来，谁知他的鞋子也被卡在了篮筐上。

3. 设计套路

短视频剧情设计的套路很多，比较有代表性的一种就是设计被反复模仿翻拍、受众司空见惯的剧情。在设计短视频时，加入这种套路，有时对于短视频创作团队来说是一种不错的选择。

一群好友多年不见，决定去饭店好好吃了一顿，该付钱了。这一刻，所有人都沉默了，没有人想主动买单。终于，一个声音蹦了出来，说："我们 AA 吧！"结果他被好友们质疑，把他们之间过去多年的感情、彼此情同手足的情义摆在桌面上，让邻桌的食客、饭店服务员、路人都深受感动，令人震撼。最后邻桌的客人说："不就是付一顿饭钱吗？要不要这么夸张？"

4. 结合热点资讯

在制作短视频的过程中，创作团队可以适当加入一些网络热点资讯，让短视频内容满足用户获取时事信息的需求，增加短视频的实时性。

（二）满足观众的学习心理

一部分观众在观看短视频时，抱有想学到一些有价值的东西、扩充自己的知识面、增加自己的技能等目的。因此，短视频创作团队可以将这些因素考虑进去，让自己制作的短视频满足观众的学习心理需求。

能满足用户学习心理的短视频，在封面和标题上就可以看出内容所蕴藏的价值，相关案例如图 2-6 所示。

在图 2-6 中，短视频的封面和标题就能体现出自身的学习价值，这样一来，当观众浏览到这样的封面和标题时，就会抱着"能够学到一点知识（或技巧）"的心态来点击观看短视频。

图 2-6　满足观众学习心理的短视频

（三）满足观众的感动心理

大部分观众是感性的，容易被情感所左右，他们在观看短视频时也会倾注自己的情感，这也是很多人在看见有趣的短视频会捧腹大笑、看见感人的短视频会心生怜悯甚至落下泪水的原因之一。

短视频要想激发观众的感动心理，必须选择那些容易打动观众、引起观众共鸣的话题或内容（图 2-7）。

（四）满足观众的消遣心理

大部分观众点开短视频平台上各种各样的短视频，都是想要消磨闲暇时光、寻找乐趣，所以，那些幽默短视频比较容易满足观众的消遣心理需求。

短视频创作团队在设计短视频脚本时，要让观众从标题上就能觉得很轻松，让观众看到标题的趣味性和幽默性（图 2-8）。

图 2-7　满足观众感动心理的短视频

图 2-8　满足观众消遣心理的短视频

（五）满足观众的怀旧心理

随着逐渐成为社会栋梁，"80 后""90 后"也开始产生了怀旧情结，看见童年的玩具娃娃、吃过的食品都会忍不住感叹一下，发出"仿佛看到了自己的过去！"的感言。他们会禁不住想要点开短视频去看一眼那些过往，看看能不能找到自己童年的影子。所以，短视频团队可以制作一些能引起观众追忆往昔情怀的短视频内容，满足观众的怀旧心理需求。

能满足观众怀旧心理需求的短视频内容，通常会展示一些关于童年的回忆，如展示童年吃过的一些零食，如图 2-9 所示。

（六）满足观众的求抚慰心理

现在，大部分人为了自己的生活在努力奋斗着，在异乡漂泊着，他们与身边人的感情也是淡漠的，生活中、工作上遇见的糟心事也无处诉说。渐渐地，很多人养成了从短视频中寻

图 2-9　满足观众怀旧心理的短视频

求关注与安慰的习惯。

　　现在很多点击量高的情感类短视频就是抓住了观众的这一心理，通过能够感动用户的内容来提高短视频的热度。观众在欣赏那些传递温暖的、含有关怀意蕴的短视频时，会产生一种被温暖、被照顾、被关心的感觉，如图 2-10 所示。

　　因此，在设计短视频脚本时，创作团队可以多选择一些能够温暖人心、给人关注与关怀的内容，从而满足观众的求抚慰的心理需求。

图 2-10　满足观众求抚慰心理的短视频

任务布置

　　（1）学生创作团队自行确定短视频主题，按照所学知识拟定分镜头脚本。
　　（2）脚本内容要详细具体，具有可操作性。
　　（3）每组编导对本组的脚本进行说明，必要时可由其他组员配合演示。

任务实施

一、任务工单

任务工单

任务：撰写短视频脚本　　　　　　　团队名称：

项目	完成情况				
脚本名称					
内容梗概					
脚本					
镜号	景别	摄法	内容说明	持续时间	备注

二、任务准备

（1）设备准备：

（2）场地准备：

三、任务步骤

脚本是短视频拍摄与剪辑的依据，好的短视频脚本可以帮助我们减少无用的拍摄、避免遗漏重要的镜头、拥有简洁明了的剪辑思路。那么，短视频脚本应该怎么写呢？

1. 前期准备工作

在写脚本之前，一定要明确自己想要通过短视频表达什么样的内容，确定好短视频内容主题，这样写脚本的时候主题才不会散，保证剧情的完整性（图 2-11）。

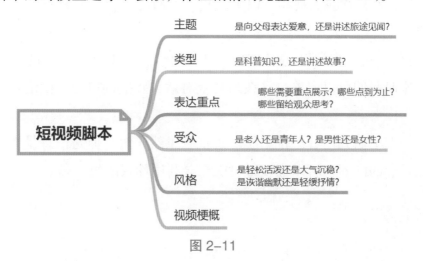

图 2-11

可以先将想要拍摄的故事写成文字内容，再将叙事的内容拆解成脚本，分解出每一个场景镜头，根据拍摄情节的需求确定细节、场景和所需要的道具等。

2. 撰写技巧

我们要发挥团队的集体智慧，根据主题写出第一版文案。结合脚本的结构，我们可以这样设计短视频脚本。

（1）开场白。

长度：一句话。

内容：与观众打招呼＋自我介绍。自我介绍可以是一段具有个人特色的开场白，也就是专属于自己的口号。示例：我是×××，一个集美貌与才华于一身的女子！

（2）话题引入。可以用举例子、设悬念等方式，告诉用户本视频的主题。这一部分需要做到开门见山，快速切入正题，引起观众的兴趣点，不需要冗长的前奏和铺垫。开头过于啰唆，会让用户过早关闭视频，从而影响收益和后续的推荐（图 2-12）。示例：智能马桶五不买，谨记五点防坑。

图 2-12　话题引入

（3）叙述分析。这部分可以按照逻辑顺序在一个大的主题下层层递进地展开，也可以将一个大主题拆分为 2~3 个子主题进行论述。这是短视频最具有信息量的部分，也是短视频最具有竞争力的内容。注意：一定要保证文案的原创性。

（4）结束语。

长度：一句话。

内容：可适当升华主题，呼吁用户转发、评论、关注自己。粉丝关注不仅可以提升视频的收益，也可以提升视频后续的推荐量，以及推送人群的精准度。因此，在短视频的结尾我们可以适当升华主题，再加一段引导关注的话语。示例：喜欢我的视频可以关注我，下期视频会与大家分享更多精彩的内容。

3. 撰写要点

（1）说"人话"、说"白话"、做到内容"口语化"。短视频脚本里的每句话都要做到口语化，在创作脚本时我们可以想象自己在与观众对话，要把拗口的书面语言改成通俗易懂的口语。

（2）在主体框架下做到内容编排紧凑。短视频虽然简短，但是信息量大，用户希望在较短的时间看到最精彩的内容，所以应该尽可能充分利用珍贵的每一秒。

四、任务评价

序号	任务	能力	评价
1	撰写短视频脚本	能够确定短视频脚本的整体思路	
2		能够根据创作过程团队合作完成短视频脚本的编写	
3		编写的短视频脚本内容思路完整、创意新颖，能有效指导后续的拍摄与后期制作	
4		编写的短视频脚本能合理设计人物台词、背景音乐和场景	
5		能够针对目标观众拟定契合其心理需求的短视频脚本	

注：评分标准为给出 1~5 分，它们各代表：较差、合格、一般、良好、优秀。

五、任务总结

（1）准备工作做得是否充分？

（2）团队成员在任务实施过程中是否实现了个人目标？

拓展阅读

短视频脚本的写作技巧

短视频脚本的写作虽然有固定的套路，但也有一些技巧能够为整个短视频脚本和短视频增色。

1. 设置悬念

悬念的设置不仅能够为整个故事增色，也能够吸引用户的注意。对短视频来说一个充满悬念的故事往往比一个平铺直叙的故事吸引人。例如，以倒叙的形式，将故事结尾提前，就能唤起用户的好奇心。

2. 设置反转

一个反转的剧情，将能够给用户留下深刻印象，比如很多电视剧中充斥着朋友因挑拨离间而反目的剧情，在短视频脚本中就可以反其道而行之，前期与传统的剧情类似，反派人物兢兢业业挑拨离间，在挑拨即将成功时剧情反转。

3. 探求未知

很多用户通过短视频看到的是别人的生活，那是自己理想的却缺乏的东西，因此通过展现一些普通却温馨（或者刺激）的生活，也能够吸引很多用户观看短视频。

课后练习

一、填空题

（1）每个短视频都应该有明确的_____，以及为它服务的内容。

（2）许多短视频对_____有一定的要求，应该在编写脚本时确定下来。

（3）如果使用得好，_____可以成为短视频内容的点睛之笔。

（4）_____是短视频脚本创作的第一步，也是关键的一步。

（5）主题确定之后，接下来需要做的就是构建起一个相对完整的脚本框架。

（6）_____的关键就在于通过台词、情绪变化、性格塑造等来构建一个立体化的形象，让观众对短视频中的相关人物留下深刻的印象。

（7）短视频创作团队可以根据短视频主题的需求，对_____进行具体设定。

（8）短视频创作团队在编写脚本时要结合人物形象来设计_____。

二、简答题

（1）简述脚本分镜的含义与内容。

（2）在编写脚本时，应如何进行故事情节设计？

（3）在编写脚本时，应如何满足观众的学习心理？

（4）在编写脚本时，应如何满足观众的求抚慰心理？

项目三

短视频拍摄

项目情境

　　经过一周的紧张工作，该中学百年庆典系列短视频的脚本终于拟定完毕，并得到客户的认可。接下来，短视频创作团队就要进行素材采集与拍摄工作。

　　该中学百年庆典系列短视频涉及人物访谈、校园环境拍摄、庆典现场拍摄等环节，不仅工作量大，而且对拍摄设备也提出了很高的要求，新森公司购置和租赁了一批摄影器材。慧敏作为团队的一员，负责协助摄影师老李登记和调试这些新收到的摄影器材，为即将到来的拍摄任务做好准备。

项目目标

知识目标

1. 了解常用的拍摄设备;

2. 了解常用的录音和收音设备;

3. 了解灯光设备和辅助设备;

4. 掌握短视频拍摄的基本技巧;

5. 掌握短视频构图的基本要素和基本要求;

6. 掌握常用短视频构图方法;

7. 掌握短视频镜头语言,包括镜头的景别、角度和运动方式;

8. 掌握短视频灯光的运用。

技能目标

1. 能够自主选择并熟练应用短视频拍摄器材,包括拍摄设备、录音和收音设备、灯光设备、辅助设备;

2. 能够将短视频拍摄技巧运用到实际拍摄工作中;

3. 能够将短视频构图方法运用于实际拍摄工作中,并获得较好的拍摄成果;

4. 能够在短视频拍摄过程中合理运用镜头语言;

5. 能够在短视频拍摄过程中合理运用灯光,拍摄出优秀作品。

素养目标

1. 树立终身学习、爱岗敬业、团队合作的意识;

2. 形成认真负责、团结友爱的职业风格。

思维导图

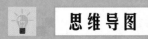

项目三
短视频拍摄

任务一
认识短视频拍摄器材
— 一、拍摄设备
— 二、录音和收音设备
— 三、灯光设备
— 四、辅助设备

任务二
掌握短视频构图
— 一、视频画面的构成要素
— 二、视频构图的基本要求

任务三
掌握短视频镜头语言
— 一、镜头的景别
— 二、镜头的角度
— 三、镜头的运动方式

任务四
掌握短视频的灯光使用
— 一、光的种类
— 二、光的基本特性

任务一　认识短视频拍摄器材

任务导入

　　慧敏的任务是帮助摄影师老李整理新购置的拍摄设备。她说："李师傅，公司这次准备了多种摄像机和摄影机，还有各种设备，我以前以为用一部手机就可以搞定一个短视频，今天算是长见识了。"

　　老李笑道："如果是个人玩家，一部性能不错的手机确实可以拍摄出一条优秀的短视频，但是我们这次是个大项目，品质要求高，所以需要准备一些专业的拍摄和收音设备，这样才能为后期制作提供优质的素材。"

知识储备

一、拍摄设备

　　短视频的主要拍摄设备包括手机、单反相机、微单相机和摄像机等，我们可以根据自己的资金状况来选择。我们首先要对自己的拍摄需求进行定位，到底是用来进行艺术创作，还是纯粹来记录生活。对于后者，选购一般的单反相机、微单或者性能好点的手机即可。只要掌握了正确的技巧和拍摄思路，即使是价格低廉的摄影设备，我们也可以创作出优秀的短视频作品。

（一）智能手机

　　智能手机的摄影技术在过去几年里得到了长足发展，用手机摄影也变得越来越流行（图3-1），其主要原因在于手机的摄影功能越来越强大、手机价格比单反更具竞争力、移动互联时代分享上传视频更便捷等，而且手机可以随身携带，满足随时随地拍视频的需求。

　　手机摄影功能的出现使拍短视频变得更容易实现。如今，很多优秀的手机摄影作品甚至可以与数码相机媲美。例如，华为 P50 Pro 搭载了 XD Fusion Pro 原色引擎、XD Optics 计算光学技术和 XD Fusion Pro 超级滤光系统等影像技术，可以提升手机在拍摄时的成像质量；主摄采用了 5000 万像素原色镜头，可以记录拍摄场景的肉眼色彩观感，能够帮助使用者轻松捕捉复杂环境下的艺术光影，从而实现做"自己生活中的导演"的目标，如图 3-2 所示。

图 3-1　手机摄影日渐流行　　　　　　　图 3-2　华为 P50 Pro

（二）单反相机和高清摄像机

如果专业从事摄影或者短视频制作方面的工作，或者是资深短视频玩家，单反相机或者高清摄像机是必不可少的摄影设备，它们所拍摄出来的视频画质相对于手机，会更加清晰，背景虚化能力也更加强大。不仅如此，单反相机和高清摄像机还能根据需要拍摄的视频题材更换镜头，如图 3-3 所示。

（a）　　　　　　　　　　　　　（b）

图 3-3　单反相机和高清摄像机

（a）单反相机；（b）高清摄像机

此外，专业设备拍摄的短视频作品通常还需要结合计算机的后期处理，对视频进行二次创作，否则效果不能够完全发挥出来。图 3-4 所示为用黑色色调进行后期处理的短视频，因为黑白色调让人觉得画面非常简洁干净、协调统一，视频画面的氛围感也更加浓厚。

图 3-4　用黑色色调进行后期处理的短视频

（三）微单相机

微单相机是一种跨界产品，它的功能定位于单反相机与卡片机之间，主要特点就是没有反光镜和棱镜，因此体积更加微型小巧，还可以拍出媲美单反相机的画质。微单相机可以满足普通用户的拍摄需求，不仅比单反相机更加轻便，还拥有专业性与时尚的特质，同样能够获得不错的视频画质和表现力。

建议购买全画幅的微单相机，因为这种相机的传感器比较大，感光度和宽容度较高，拥有不错的虚化能力，画质也更好。同时，我们还可以根据不同短视频题材来更换合适的镜头，拍出有电影感的视频画面效果。

索尼 Alpha7 Ⅲ（以下简称"A7M3"）是索尼公司第三代全画幅微单相机的基准型号（图3-5）。A7M3 采用了约 2420 万有效像素级别的 CMOS 传感器和升级的 BIONZ X 图像处理器，是一台照片、视频、跟焦、连拍都十分均衡的全画幅微单，几乎可以胜任全部场景的短视频拍摄。

图 3-5　索尼 A7M3 微单相机

二、录音和收音设备

普通的短视频直接使用手机录音即可，而对于采访类、教程类、主持类、情感类或者剧情类短视频来说，则对声音的要求比较高，建议使用专业的录音和收音设备。

（一）录音设备

（1）TASCAM：这个品牌的录音设备具有稳定的音质和持久的耐用性。例如，TASCAM DR-100MK Ⅲ 录音笔的体积非常小，适合单手持用，而且可以保证采集的人声更为集中与清晰，收录效果非常好，适用于谈话类节目的短视频场景，如图 3-6 所示。其缺点在于价格比较昂贵。

（2）索尼：索尼品牌的录音设备体积较小，比较适合录制各种单人短视频，如教程类、主持类的应用场景。图 3-7 为索尼 ICD-TX650 录音笔，不仅小巧便捷，可以随身携带，而且具有智能降噪、七种录音场景、宽广立体声录音、立体式麦克风等特殊功能。

图 3-6　TASCAM DR-100MK Ⅲ录音笔

图 3-7　索尼 ICD-TX650 录音笔

（二）收音设备

（1）索尼"小蜜蜂"无线话筒设备。严格来说，"小蜜蜂"UWP-D11 指的是一系列产品，包括发射器和接收器（图 3-8），我们可以根据实际需要选择发射器和接收器的组合。发射器和接收器匹配非常简单，按照说明书操作即可，设备可以自动搜索信道，自动设置参数。但是，"小蜜蜂"默认的参数会影响收音效果，具体表现为设备底噪大，收音音量偏低，后期剪辑时若拉高音量，底噪大的问题会更明显。"小蜜蜂"配有热靴接口，用来把接收端固定在相机或者摄像机上。一套"小蜜蜂"组合的工作距离，在无遮挡的情况下，在 60 米以内接收信号完全没有影响；在室内，发射器和接收器在相邻的不同房间或楼层（如分别位于 3 楼和 5 楼），基本不影响信号的传输。

（2）罗德（Rode）：Rode Wireless GO 在设计上与索尼等老牌厂商的产品截然不同。其发射器和接收器都是一个质量约 31 克、边长约 4.5 厘米的小方块（图 3-9）。接收器上有一块显示简单信息的小屏幕，而发射器则配有一个 3.5 毫米输入接口和一枚麦克风。发射器和接收器背面都设计了一个小夹子，夹子内侧配有防滑胶垫。这个设计的精妙之处，在于能直接作为冷靴卡在相机的热靴口上。在需要时，我们还可以将连着相机的接收器夹在背带或衣服上，然后将发射器"夹"在热靴上，这样就能拥有一个强化版机头麦克风了。Rode Wireless GO 的收音效果与索尼"小蜜蜂"相比没有特别大的区别（图 3-10）。如果只是想要做到清晰收音，没有很严格的品质要求，那么轻便的 Rode Wireless GO 显然会是很好的选择。

图 3-8　索尼"小蜜蜂"UWP-D11 无线话筒设备

图 3-9　Rode Wireless GO

（a）

（b）

图 3-10　Rode Wireless GO 与索尼"小蜜蜂"对比

（a）Rode Wireless GO；（b）索尼"小蜜蜂"

（3）麦拉达：作为一款专业的无线录音麦克风，麦拉达WM12在包装上简洁精致，双通道版本配置了两个单天线的发射器和一个双天线的接收器，四通道版本配置了四个单天线的发射器和一个双天线的接收器（图3-11）。配件方面，附赠了领夹麦克风、手机转换线、3.5毫米转卡农接口转接线、Type-C三头合一充电线和靴形固定座。发射器采用了单天线设计，主机整体轻

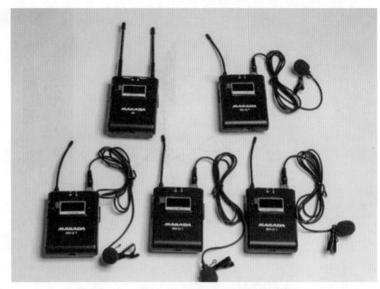

图3-11　麦拉达WM12（四通道版本）

巧，机身设有一块数字液晶显示屏，显示屏两侧分别设有电源键和设置按键；发射器的顶部设有麦克风接口，用于连接标配的领夹麦克风；机身背部设有金属夹，方便固定在腰间衣服上。接收器在样式上和发射器差不多，除了机身中间的数字显示屏外，它设有两根可以调节角度的天线，两个用来连接相机和手机的3.5毫米接口，机身背后同样设有金属夹。麦拉达WM12的特点就是"简单便捷"，由于设备在出厂前已完成了配对，因此开机后会自动配对连接，无须其他配对操作。麦拉达WM12不仅可以立体地还原本真的音色，还能够防风降噪，降低周围环境的噪声。特别是在室外拍摄视频时，不但可以解决由于拍摄距离产生的声音强弱差异，还能够降低周围环境的噪声，从而获得高质量的音频体验。

三、灯光设备

在室内或者专业摄影棚内拍摄短视频时，如果需要保证光感清晰、环境敞亮、可视物品整洁，就需要明亮的灯光和干净的背景。足够的光线是获得清晰视频画面的有力保障，不仅能够增强画面美感，还可以用来创作更多有艺术感的短视频作品。下面介绍一些拍摄专业短视频时常用到的灯光设备。

（一）补光灯

补光灯是一种常见的灯光设备，它营造出来的光线和阴影既均匀又柔美，会在被摄对象的眼里形成一个明亮的圆圈，从而获得非常自然的眼神光。八角补光灯的具体打光方式以实际拍摄环境为准，建议一个放置在顶位，两个放置在低位，通过调整三面光线的光亮明暗来突显被摄对象的立体感，适合各种音乐类、舞蹈类等短视频拍摄场景，如图3-12所示。

（a）　　　　　　　　　　　　（b）

图 3-12　补光灯

（a）示意一；（b）示意二

（二）顶部射灯

顶部射灯的功率通常为 15~30 瓦，可以根据拍摄场景的实际面积和安装位置来选择合适的射灯强度和数量，也可以改变射灯的角度来组成场景所需的照明效果。射灯还能够很好地处理对空间、色彩及虚实感受的营造，适合舞台、休闲场所、居家场所、娱乐场所、商场等拍摄场景，如图 3-13 所示。

图 3-13　顶部射灯

（三）美颜面光灯

美颜面光灯通常具有美颜、美瞳、靓肤等功能，光线质感柔和，不仅能形成自然的眼神光，还能增加脸部的立体感，并且可以为皮肤增光，让皮肤更显水嫩白皙，同时可以随场景自由调整光线亮度和补光角度，拍出不同的光效。美颜面光灯适合拍摄彩妆造型、美食试吃、主播直播和人像视频等场景，如图 3-14 所示。

（a）　　　　　　　　　　　　（b）

图 3-14　美颜面光灯

（a）示意一；（b）示意二

四、辅助设备

对于新手来说，拍摄短视频可能用一部手机就足够了，但对于专业的短视频制作者来说，可能还需要购买很多辅助设备才能拍出电影级的大片效果。

（一）手机云台

手机云台的主要功能是稳定拍摄设备，防止由于画面抖动而造成模糊，适合拍摄户外风景或者人物动作类短视频，如图 3-15 所示。

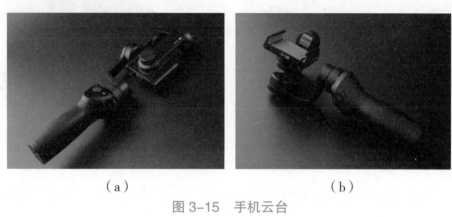

（a）　　　　　　　　　　　　　　（b）

图 3-15　手机云台
（a）示意一；（b）示意二

（二）运动相机

运动相机可以还原每一个运动瞬间，记录更多转瞬即逝的动态之美或奇妙表情等丰富的细节，还能保留相机的转向运动功能，带来稳定、清晰、流畅的视频画面效果，如图 3-16 所示。运动相机能满足旅拍、Vlog、直播和生活记录等各种短视频场景的拍摄需求。

（三）无人机

无人机主要用来进行高空航拍，由于其轻巧灵便的特点，我们在进入一些危险区域拍摄，或者是拍摄人员无法进行拍摄的地方时，便可以使用无人机，而且随着遥控飞行技术越来越先进，其安全性能也越来越高。无人机拍摄出来的短视频画面的效果宽广、大气，给人一种气势恢宏的感觉，如图 3-17 所示。

图 3-16　运动相机

图 3-17　无人机

（四）外接镜头

由于焦距是固定的，当我们想要把更多物体放进画面中时，单反相机（或微单、手机）原本的镜头便无法满足需求了，这时可以在单反相机（或微单、手机）上扩展各种外接镜头设备，主要包括微距镜头、偏振镜头、鱼眼镜头、广角镜头和长焦镜头等，能够满足更多的拍摄需求，如图 3-18 和图 3-19 所示。

图 3-18　单反（微单）相机外接镜头

图 3-19　手机外接镜头

（五）三脚架

三脚架主要用来在拍摄视频时稳固手机或相机，为创作好的短视频作品提供了一个稳定平台，如图 3-20 所示。购买三脚架时应注意，它主要起到稳定手机的作用，所以需要很结实。但是，由于其需要经常携带，所以又需要具有收纳快捷和方便随身携带的特点。

（a）　　　　　　　　　　　　（b）

图 3-20　三脚架
（a）示意一；（b）示意二

（六）轨道车

摄像机轨道车也是拍摄视频会用到的辅助工具，特别是在拍摄外景、动态场景时，轨道车就必不可少了。实际上，根据拍摄场景的需要，轨道车还分为多种类型，如电动滑轨（不可载人）、便携式轨道车（可载人）、电动轨道车等。

（1）教师拟定预算。

（2）学生创作团队根据拟定的分镜头脚本在购物网站上选择可能会使用的拍摄器材，并列出清单，计算价格。

（3）学生所选拍摄器材应列明具体型号，总价应在教师拟定的预算范围内。

任务实施

一、任务工单

任务工单

任务：认识短视频拍摄器材　　　　　团队名称：

项目	完成情况				
预算金额					
脚本概况					
序号	拍摄器材	型号	需要数量	单价	合计
总计					

二、任务准备

（1）设备准备：

（2）场地准备：

三、任务步骤

画面虚实清晰是拍好照片的基本要求，也是拍摄视频最基本的要求。想要拍摄出好的短视频，除了要拥有合适的拍摄设备外，还要具备基本的拍摄技巧。

（一）确保画面稳定清晰

如果我们在拍摄视频时，画面不稳定或者主体对焦不够准确，就很容易造成画面模糊。仅仅靠手臂或身体来保持拍摄设备稳定是远远不够的，最好的方法就是借助外力，我们可以使用三脚架或其他设备来固定拍摄设备，采取正确的拍摄姿势，防止镜头在拍摄时抖动。

1.借助物体的支撑

在拍摄视频时，如果没有辅助设备，仅靠双手作为支撑的话，双手很容易因为长时间端举拍摄设备而发软发酸，难以平稳地控制拍摄设备，一旦出现这种情况，拍摄的短视频肯定会受到影响。

所以，在没有三脚架或者不便于使用三脚架的情况下，当我们用双手端举拍摄设备拍摄视频时，就需要利用身边的物体支撑双手，才能保证拍摄设备的相对稳定。

日常生活中可以用作支撑的物体有很多，只要这个支撑物能够让手臂与其成为一个稳定的三角形就可以。例如，在室内拍摄视频时，我们可以利用椅子、桌子等做支撑；在户外拍摄视频时，我们可以利用较大的石头、户外长椅、树木等支撑双手或身体，如图3-21所示。

（a）　　　　　　　　　　　　（b）

图3-21　合理利用支撑物

（a）用石头支撑；（b）用长椅支撑

2.采用正确拍摄姿势

拍摄视频时，尤其是手持拍摄设备时，要想让视频画面稳定，除了拍摄设备要稳之外，拍摄视频的姿势也很重要。只有身体稳定，摄影师才能保证拍摄设备不动，从而确保视频画面是稳定的。

如果拍摄时间过长，错误的拍摄姿势会导致摄影师身体不适。例如，身体长时间倾斜着，不仅脖子容易发酸、发僵，就连手臂也会因发酸而抖动，从而导致视频画面由于晃动而不清晰。正确的姿势应该是重心稳定且身体感到舒服，如在正面拍摄视频时，摄影师趴在地面上，身体重心低，不易倾斜，而且持握拍摄设备的手也可以得到很好的支撑，从而确保视频画面的稳定性（图 3-22）。

3. 寻找稳定拍摄环境

在拍摄视频时，寻找稳定的拍摄环境，也会对视频画面的稳定起到很重要的作用。一方面，稳定的环境能确保摄影师的人身安全；另一方面，稳定的环境，能给拍摄设备较为平稳的环境，使视频呈现出相对稳定的画面。

图 3-22　正面拍摄

相对来说，比较不稳定、容易影响视频拍摄的地方很多，如拥挤的人群、湖边、悬崖处等，这些地方都会给视频拍摄带来很大的困难。

4. 手部动作必须平缓

大部分情况下，拍摄视频是离不开手的，也就是说，摄影师手部的动作幅度越小，对视频画面稳定性方面的影响也就越小，所以手部的动作幅度应小、慢、轻、匀。

所谓小，就是指手上动作幅度要小；慢，就是指移动速度要慢；轻，就是动作要轻；而匀，也就是指手部移动速度上要均匀。只有做到这几点，视频画面才能相对稳定，视频拍摄的主体也会相对清晰，而不会出现主体模糊看不清楚的状态。如果拍摄设备具有防抖功能，一定要开启，这可以在一定程度上保持视频画面稳定。

> **小贴士**
>
> 拍摄设备镜头污损不仅会使镜头的成像质量大大降低，还会腐蚀镜头，使镜头的拍摄质量有所损失，所以要及时清洁镜头。因为镜头本身既精密又"娇气"，所以不能用清水、洗洁精等清洁产品来清理。清理手机镜头时可以使用专业的清理工具，或者十分柔软的布将灰尘清理干净。专业的镜头清洁布一般由柔软的材质制作而成，不会剐蹭镜头，再搭配专业镜头清洗剂，用于去除一些附着在镜头上的顽固污渍；专业的镜头清洁刷则是用来扫掉那些能够轻易扫掉的灰尘或杂质等。

（二）设置好拍摄设备

1. 手机相机的设置

善于使用手机的专业拍摄模式。很多手机中的相机 App 都有专业拍摄模式，可以让拍摄者自主调整更多参数，如延时拍摄、慢动作拍摄、慢门光影拍摄、大光圈虚化背景拍摄、人脸识别自动补光、添加水印、微距拍摄、自动美颜等功能，这种超前的技术，可以让我们轻松拍出各种有趣的视频画面。

在拍摄短视频时，我们可以调出手机的专业模式，然后选择对应的功能即可。不同的手机拥有不同的拍摄功能，用户可以自行探索和试拍。图 3-23 是华为手机相机中自带的延时摄影和慢动作拍摄功能。

（a） （b）

图 3-23 延时摄影和慢动作拍摄功能

（a）延时摄影；（b）慢动作

2. 选择正确的分辨率和画面比例

其实很多精美的短视频都是用手机拍摄出来的。很多人也想用手机拍摄出高质量的短视频，但拍出来的视频效果却平淡无奇，这是因为没有选对分辨率。

在拍摄短视频之前，我们要选择正确的分辨率，通常建议将分辨率设置为 1080p（FHD）、18：9（FHD+）或者 4K（UHD）（图 3-24）。FHD 是 Full High Definition 的缩写，即全高清模式；FHD+ 是一种略高于 2K 的分辨率，也就是加强版的 1080p；而 UHD（Ultra High Definition 的简写）则是超高清模式，即通常所指的 4K，其分辨率是全高清（FHD）模式的 4 倍。例如，抖音短视频的默认竖屏分辨率为 1080px×1920px，横屏分辨率为 1920px×1080px。用户在抖音 App 上上传拍好的短视频时，系统会对其进行压缩，因此建议用户先对视频进行修复处理，避免上传后产生模糊的现象。

画面比例指的是画面长和宽的比例，如分辨率为 1920px×1080px 的视频画面，它的画面比例就是 16：9。现在常用的手机、电视机和计算机屏幕大部分的画面比例都是 16：9 的，因此 16：9 也是短视频拍摄最常用的画面比例。如果是比较老旧的电视机和计算机屏幕，它们的画面比例为 4：3，大部分电影的画面比例是 1.85：1 和 2.35：1，还有 1：1 的方形比例，这些比例都以横屏为主，图 3-25 为各种常见的画面比例。而现在的手机屏幕都是竖屏的，所以为了在手机上观看效果更佳，很多时候都会选择拍摄竖屏的视频。短视频画面的比例灵活多样，各种比例都可以在手机上观看，但是效果会略有不同。

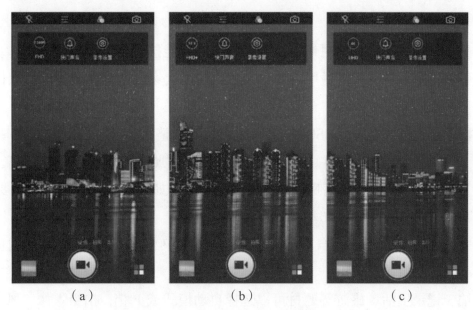

图 3-24　手机相机的分辨率设置
（a）示意一；（b）示意二；（c）示意三

图 3-25　各种常见的画面比例
（a）示意一；（b）示意二

　　另外，我们在使用手机自带的相机拍视频或照片时，也可以借助网格线辅助画面的构图，这样可以更好地将观众的视线聚焦到主体对象上，如图 3-26 所示。

图 3-26　使用网格功能辅助画面的构图
（a）示意一；（b）示意二

（三）单反相机的设置

我们在初次拿到单反相机的时候，对于其繁多的功能按键可能不是很熟悉，更不用说设置参数了。下面将介绍单反相机通用的参数设置，帮助大家迅速学会使用单反相机。

1.感光度的设置

对于相机的感光度（也就是 ISO），建议优先手动调整为 100（图 3-27）。如果曝光三要素（即光圈大小、快门速度、ISO）需要调高 ISO 或者对照片的画质要求并不高，我们可以将 ISO 设置为 AUTO。当然，在夜晚等弱光场合下拍摄，如果没有闪光灯一般需要提高 ISO。

2.拍摄模式的设置

拍摄模式并不复杂，主要有自动、程序自动曝光（P 档）、光圈优先和快门优先、手动曝光等模式（图 3-28）。

日常抓拍、记录生活、旅游等题材可以选择自动模式或 P 档；拍摄人像、风光、静物特写等需要考虑景深问题的题材，建议用光圈优先模式；拍摄运动类题材，如体育运动、慢门拍摄等，建议用快门优先模式；想要有操作感，或者处在较为复杂的拍摄环境时，可以选择使用手动曝光模式。

图 3-27　感光度的设置

图 3-28　拍摄模式的设置

3.白平衡的设置

我们一般将白平衡设置为"自动白平衡"，这样可以基本还原环境的真实色彩。如果想要调整环境氛围，可以在后期对色温参数进行调整（图 3-29）。

4.测光的设置

我们通常选择评价测光（矩阵测光、平均测光）（图 3-30），对整个拍摄画面测光，能满足大多数场景的拍摄。除此之外，中央重点平均测光（测光区域是画面中间的 1/3 左右）、点测光（画面单点 3%~5% 的区域）也可供拍摄者选择。

图 3-29　调整色温参数

图 3-30　测光的设置

5. 对焦的设置

对于对焦模式，常用的就是单次自动对焦（AF-S）、伺服自动对焦（AF-C）、智能自动对焦（AF-A）和手动对焦。

（1）单次自动对焦：半按快门对焦一次，使用得较为频繁，适合摆拍静物等（图3-31）。

（2）伺服自动对焦：常用于拍摄移动主体，半按快门可以保持追踪对焦，适合抓拍。

（3）智能自动对焦：根据主体是动还是静，自动选择AF-S或AF-C。

（4）手动对焦：手动调整对焦环，没有使用限制，一般在自动对焦不能使用或出错时才用手动对焦来调整。

6. 曝光补偿的设置

曝光补偿在程序自动模式、光圈优先和快门优先等模式中才有用，对于它的调整很简单：当照片亮度适中的时候，保持它对准"0"处即可；当照片偏暗时，增加曝光补偿；当照片偏亮时，降低曝光补偿（图3-32）。

图3-31　单次自动对焦

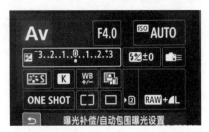
图3-32　曝光补偿的设置

7. 照片格式的设置

照片格式主要有两种，JPEG和RAW。

（1）JPEG格式：可以直出，占用内存小，适合拍摄生活、旅游等不太需要进行后期处理的照片。

（2）RAW格式：占用内存大，保存较多的原始环境色彩，照片大多偏中灰色，需要进行后期处理（图3-33）。

8. 照片风格的设置

照片风格的设置有多种，如自动、标准、人像（图3-34）、风光等。对于新人来说，建议选择"标准"即可，待后期对摄影更了解、对相机的使用更熟悉之后，再练习设置不同的照片风格。

图3-33　RAW格式设置

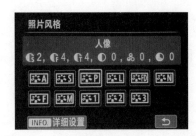
图3-34　设置照片风格——人像

9. 驱动模式的设置

相机的驱动模式，就是单拍、连拍、延时自拍等模式。对于大多数场景的拍摄，我们选择"单拍"即可，按一下快门拍摄一张；拍摄精彩画面、抓拍运动瞬间时，我们可以考虑选择"连拍"；而相机的延时自拍模式可以用来给自己拍照，或者在慢门拍摄时来降低相机抖动，要避免手按快门引起抖动。

10. 焦距的设置

焦距的设置一般用于套机镜头。套机镜头基本是变焦镜头，当我们想要拍摄到更宽广的视野画面时，只需将镜头变焦环调到最小；当我们想要拍摄到远处的画面时，只需要拉长镜头。同时，使用较广的焦距拍摄出来的照片景深更大，使用较长的焦距拍摄出来的照片景深较浅。

四、任务评价

序号	任务	能力	评价
1		能够根据分镜头脚本要求和创作意图选择合适的拍摄设备	
2		能够根据分镜头脚本要求和创作意图选择合适的录音和收音设备	
3	认识短视频拍摄器材	能够根据分镜头脚本要求和创作意图选择合适的灯光设备及辅助设备	
4		能熟练操作拍摄设备，确保素材拍摄质量	
5		能熟练操作录音和收音设备，确保音频质量	

注：评分标准为给出 1~5 分，它们各代表：较差、合格、一般、良好、优秀。

五、任务总结

（1）准备工作做得是否充分？

（2）团队成员在任务实施过程中是否实现了个人目标？

拓展阅读

如何判定三脚架是否结实

优秀的三脚架，在经过拍摄者采取锁紧、加重等预防措施后，必须确实保证相机和镜头的足够稳定。否则，一旦相机和镜头因此而摔坏，那损失的可就是几倍于三脚架的钱了。

如何判定三脚架是否足够结实，可以从以下步骤来测试。

（1）三条腿完全张开，按住中心法兰盘适当用力下压，三条腿不能颤动、抖动，更不能出现明显的弯曲和外移。

（2）再适当用力按住中心法兰盘左右转动，在扭力矩下法兰盘不能有任何的"可以转动"的感觉。

（3）察看设计是否合理。包括进行张开、收拢、升高、锁紧、转向、俯仰等各种操作时，螺丝、手柄是否相互妨碍，各操作位置是否顺手等。

（4）观察个体差异。包括工艺是否精良、是否存在明显的异样等。

课后练习

一、填空题

（1）短视频的主要拍摄设备包括_____、_____、_____和_____等。

（2）如果是专业从事摄影或者短视频制作方面的工作，或者是资深短视频玩家，那么_____或者_____就是必不可少的摄影设备。

（3）_____所营造出来的光线及阴影既均匀又柔美，会在被摄对象的眼睛里形成一个明亮的圆圈，从而获得非常自然的眼神光。

（4）_____通常带有美颜、美瞳、靓肤等功能，光线质感柔和。

二、简答题

（1）手机云台的主要功能是什么？

（2）如何选择三脚架？

（3）拍摄短视频需要使用的录音和收音设备有哪些？

任务二   掌握短视频构图

老李见慧敏虚心向他请教，很高兴地说："视频可以视为一张一张的照片，短视频好不好看，关键一点就是摄影师能不能熟练使用构图方法。慧敏，你在学校里学过构图吗？"

慧敏说："学过！"

老李说："你知道常见的构图方法有几种吗？能不能用照片来展示一下呢？这算是你今天的作业。"

慧敏说："好的，我下午就把作业交给你！"

一、视频画面的构成要素

视频的构图建立在图片摄影构图基础之上。视频画面的构成要素包括主体、陪体、环境、前景和背景五个部分，在构图中它们起着不同的作用，也处于不同的地位。下面以图3-35为例加以讲解。

图3-35   拍照的小女孩

（一）主体

在图 3-35 中，画面中拍照的小女孩是主要表现对象，所以她是构图的主体。主体是画面中拍摄的主要表现对象，其在画面中不仅是思想和内容表达的重点，还是画面构图结构组成的中心。

（二）陪体

在图 3-35 中，地上的花是小朋友的拍摄对象，处在次要的地位，因此它是画面构图的陪体。陪体与主体有紧密的联系，主要起陪衬、突出主体的作用，是帮助主体表现内容和思想的对象。在视频构图中，人与人、人与物，以及物与物之间都存在主体与陪体的关系。

（三）环境

在图 3-35 中的花、木墙、树、远处的树林，都属于小女孩存在的空间，也就是画面构图中的环境。环境是交代和丰富画面内容的载体，包括时间、地点、人物等信息。

（四）前景

在环境中，人物或景物与主体处在不同的空间位置，在主体前方的区域称为前景，如图 3-35 中的花、草等。前景与主体是烘托关系，可以增强画面的空间感，起到均衡画面的作用。

（五）背景

在主体后方的人物或景物，如图 3-35 中的木墙、小黄花、树等，称为背景或后景。背景和前景相互对应，可以是陪体，也可以是环境的组成部分。背景对于烘托画面主体起着重要的作用，可以增加画面的空间层次和透视感。

二、视频构图的基本要求

视频构图是表达主题和抒发情感的重要途径，起到了介绍环境，交代人物与人物、人物与环境之间关系的作用；同时，好的构图还可以增加视频画面的美观和视觉冲击力，让短视频更具吸引力。

因此，短视频构图首先要明确主体，并通过构图来突出主体，表达视频的主题思想。处理好主体与陪体、主体与背景等其他画面元素之间的相互关系，既能达到很好地表现主要内容，让观众分清画面主次关系的目的，还可以使画面更美观，从而满足人们的审美需求。视频构图的基本要求如下。

（1）主体明确：主体形象突出与否，是衡量画面构图的主要标准之一。

（2）突出主题：以明确的形式传达主题思想。

（3）简洁美观：构图时画面简洁明了，美妙、和谐的画面构图能给人带来美的享受。

（4）风格鲜明：构图应体现鲜明的风格，展现个人特色。

（1）学生创作团队用手机或单反相机拍摄照片。

（2）每组需要照片15张，每种构图方法1张。

（3）学生将照片在全班分享，可加上必要的文字说明。

任务实施

一、任务工单

任务工单

任务：掌握短视频构图　　　　　团队名称：　　　　　　　拍摄设备：

序号	构图方法	图片	说明
1	水平线构图		
2	中心构图		
3	对称式构图		
4	垂直线构图		
5	三分构图		
6	九宫格构图		
7	对角线构图		
8	S形构图		
9	三角形构图		
10	向心式构图		
11	放射式构图		
12	延伸式构图		
13	框架式构图		
14	均衡式构图		
15	紧凑式构图		

二、任务准备

（1）设备准备：

（2）场地准备：

三、任务步骤

拍摄短视频时，需要根据拍摄的场景和想要表达的内容，结合实际情况选择合适的构图方法。在努力拍摄出最佳画面效果的前提下，表达画面主题内容才是最重要的，具体方法如下。

1. 水平线构图

水平线构图是很常用的构图方式，也是最基础的一种构图方式。水平、舒展的线条可以使画面看起来更稳定、和谐、宽广，给人一种平稳的感觉。通常使用水平线构图来表现画面的平静与稳定感。

使用水平线构图时，水平线在画面中要保持平稳，不要倾斜。在画面中有人物时，不要让水平线穿过人物头部或关节部位，这样会显得画面不美观。在画面的摆放位置不同，水平线产生的视觉效果也不同，如图 3-36 所示。

2. 中心构图

中心构图是指把拍摄主体放在画面的中心位置，观众的视觉注意力被引向画面中心，并起到聚集的作用，从而突出、明确主体，平衡画面。中心构图是一种基础的、比较稳定的常规构图方法，可以带来很强的视觉冲击力，如图 3-37 所示。

图 3-36　水平线构图

图 3-37　中心构图

3. 对称式构图

对称式构图是指以画面中央为对称轴，左右或上下对称，使画面具有平衡、稳定、呼应等特点。对称式构图在表现上中规中矩，多用于拍摄对称的物体，如建筑物。而拍摄人时，这种构图法便显得有些单调，缺少变化，如图 3-38 和图 3-39 所示。

图 3-38　对称式构图（左右）

图 3-39　对称式构图（上下）

4. 垂直线构图

垂直线构图是以垂直线条作为画面构成基本线的构图方式，表现出高大、庄严、有支撑力、硬朗的视觉感。垂直线构图给人以平衡和稳定的感觉，可用来展现高大建筑物、树木、山石、瀑布等，也可以用于表现人物的坚定、强大。垂直线构图不仅可以表现单一的垂直物体，也可以展现群组的垂直物体。使用垂直线构图法时，尽量不要让垂直物体条位于画面的正中央，如图 3-40 所示。

5. 三分构图

三分构图就是将画面等比例分成三份，把拍摄主体放置于三分之一线上，如图 3-41 所示。采用这种构图法拍摄出的画面简洁，主体突出，而且不失平衡感；同时，也能避免拍摄主体处于画面中心，导致画面产生呆滞感。

图 3-40　垂直线构图

图 3-41　三分构图

6. 九宫格构图

九宫格构图是指将画面水平和垂直同时等比例分成三等份，画面中构成一个"井"字形图框；同时，画面被分成大小相同的九个方格，如图 3-42 所示。在拍摄时将主体放在中间四个交叉点附近，这样比较符合人的观察习惯，让主体自然地成为视觉焦点。九宫格构图法既能突出主体，又能强调主次关系，使整体画面比较平衡，又同时具有活力和动感。由于四个交叉点会给人不同的视觉感受，常把主体放在上面的两个点上。

7. 对角线构图

对角线构图又称为斜线构图，是指将被摄体安排在对角线上，利用画面对角线作为视觉引导线，可以有效引导观众的视线，从而达到突出主体的效果。对角线构图引导视线的能力很强，虽然画面看起来是倾斜的、不稳定的，但会显得很活泼，充满动感，如图3-43所示。

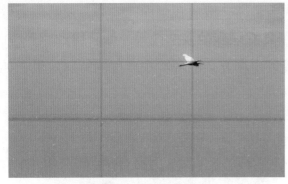

图 3-42　九宫格构图

图 3-43　对角线构图

8. S形构图

S形构图又称曲线构图，是指画面上的被摄体呈S形曲线分布，使画面具有由远到近的视觉感觉，能更好地展现画面的纵深空间感，看起来更流畅，有韵律感，画面空间感强。S形构图法常用来拍摄河流、山川、道路等场景，如图3-44所示。

9. 三角形构图

三角形构图是指使画面中的主要元素形成一个三角形，或者用三个突出的元素形成一个三角形，如图3-45所示。三角形构图具有安稳、均衡又不失灵活、变化的特点。

三角形构图主要分为正三角形构图、倒三角形构图和不规则三角形构图等。正三角形构图的画面给人平衡、稳定的感觉，就像一座大山巍峨矗立；倒三角形构图则会给人一种不稳定感，充满运动趋势；而不规则三角形构图则显得比较灵活，沉稳又不失动感。

图 3-44　S形构图

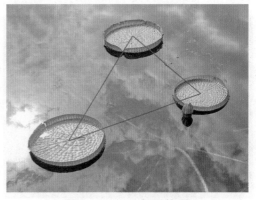

图 3-45　三角形构图

10. 向心式构图

向心式构图是指主体处于画面的中心位置，四周景物向中心集中，能够引起强烈的聚焦视线的效果，将观众的视线引向画面的中心，鲜明地突出画面主体。向心式构图具有突出主体鲜明特点的作用，但由于局部过于突出，有时也会产生压迫中心，使局部画面出现压迫感，如图 3-46 所示。

11. 放射式构图

放射式构图是指以主体为中心，景物向四周扩散、放射的构图方式。该构图方式可以自然地把观众的视线引向被摄体。采用这种构图方式，主体一般放在画面的中心，使其放射效果更明显，从而表现出舒展的力量感。放射式构图具有强烈的发散效果，而且律动感更强，常用于突出主体与环境的关系，也可用于表现人或景物在复杂的环境中产生的特殊效果，如图 3-47 所示。

图 3-46　向心式构图

图 3-47　放射式构图

12. 延伸式构图

延伸式构图是指画面中的元素所构成的延伸线，如路、桥、建筑物等，向一个方向汇聚，延伸的线条引导观众的视线朝向主体。延伸式构图是一种利用透视关系的构图方法，使整个画面产生很强的透视感，如图 3-48 所示。

13. 框架式构图

框架式构图是指利用前景将画面主体"框住"，将观众的注意力集中到主体上，从而突出主体。框架式构图具有较强的空间感、延伸感和视觉冲击力，如图 3-49 所示。

图 3-48　延伸式构图

图 3-49　框架式构图

14. 均衡式构图

均衡式构图是指画面中轴线两侧的景物的形状、数量、大小等不一定相同，视觉上因近重远轻、近大远小、深重浅轻等透视规律而形成稳定感，或者采用相等或相近的形状、数量、大小的不同排列，但在数量、重量、体积等层面给观众的心理感受是相等的，采用这种方式给人以视觉上的稳定感，这种平衡既区别于对称，又包含了对称。均衡的平衡相对于对称式平衡而言比较生动，有活力，是一种动态的平衡，有自由、运动、开放的感觉，如图 3-50 所示。

15. 紧凑式构图

紧凑式构图是指将主体以特写的形式放大，使主体以局部放大的形式布满画面。在紧凑式构图中，画面具有紧凑、细致、饱满等特点，常用于拍摄人物（动物）的表情、刻画人物（动物）的心理活动，或者展现局部细节特征，主要起强调作用，如图 3-51 所示。

图 3-50　均衡式构图

图 3-51　紧凑式构图

四、任务评价

序号	任务	能力	评价
1	掌握短视频构图	对视频画面的构成要素有深入了解，并应用于短视频的拍摄中	
2		掌握了常见短视频构图方法	
3		能在编辑分镜头脚本时设计构图	
4		能在短视频拍摄过程中合理运用各种构图技法	

注：评分标准为给出 1~5 分，它们各代表：较差、合格、一般、良好、优秀。

五、任务总结

（1）准备工作做得是否充分？

（2）团队成员在任务实施过程中是否实现了个人目标？

拓展阅读

拍摄短视频如何构图

短视频构图考验的是摄像人员的基本功，一个成功的摄像人员有很强的构图功底，能够让画面更美观。构图根据摄像人员的鉴赏能力、审美水平不同会形成不同的创意风格。那么，短视频制作应该如何构图并拍摄？

1. 明确

明确就是镜头所要表达的信息要明确，镜头所蕴含的思想内容和艺术内涵都要明确而集中，避免出现模棱两可的情况。立意明确，能够让镜头信息传递更精准、快速。

2. 表现力

画面要具有表现力和视觉美感。若想要画面更具美感，考验的是摄像人员的审美水平和拍摄技术。另外，别具新意的构图和不同角度的选择，以及影调、色彩、线形等造型元素都是画面具有美感的因素。

3. 处理

在短视频制作中构图要经过适当的处理，如运动构图中没有任务的画面，应找出能够表现环境特色的主要对象作为构图的依据和画面运动的依据。有任务的画面则要以人物作为画面构图和画面运动的依据。一个专业的摄像应该能灵活处理画面构图各个方面的关系，让画面更出色。

4. 简洁

摄像人员需要传递给人们简单而又能表达各种信息的画面。这个画面是经过摄像人员思想提炼的，是从凌乱的事物中筛选出的最有价值的信息。

5. 突出

这里的突出是指主体的突出，要表达的是主要信息的突出。也就是拍摄主体的凸显，使主次分明。对于主体以外的一些事物要适当布置，避免出现喧宾夺主的现象。

课 后 练 习

一、填空题

（1）视频画面构成的要素包括_____、_____、_____、_____和_____。

（2）_____是画面中拍摄的主要表现对象；同时，其在画面中又是思想和内容表达的重点，还是画面构图结构组成的中心。

（3）_____与主体有紧密的联系，主要起陪衬、突出主体的作用，是帮助主体表现内容和思想的对象。

（4）短视频构图首先要明确_____，并通过构图来突出_____，从而表达视频的主题思想。

二、简答题

（1）视频构图的基本要求是什么？

（2）简述水平线构图的含义与特点。

（3）简述中心构图的含义与特点。

（4）简述对称式构图的含义与特点。

任务三 掌握短视频镜头语言

任务导入

下午，慧敏把自己拍摄的照片打印出来后交给老李。老李对这些照片很满意，对慧敏说："你已经能初步运用构图方式了，这是拍出优秀视频的第一步。不过，照片是静止的，视频是运动的，所以你还必须学会运用短视频镜头语言。也就是说，在拍摄时，你要明白镜头是取近景还是取远景，是仰视还是俯视，是推还是拉，等等。这些在脚本中就应该写清楚。"

慧敏不禁感慨，心想："原来短视频拍摄还有这么多学问，我还要努力学习才行！"

知识储备

在拍摄时，我们可以离被摄体很近或者很远的位置拍摄，既可以从不同的角度拍摄，也可以由远到近运动着拍摄。那么，到底该选择什么样的方式来拍摄呢？

镜头是指摄像机开始拍摄到停止拍摄的期间，不间断拍摄的连续视频画面。镜头是组成整部影片的基本单位，一部完整的影片，是由一个个镜头组成的。镜头也是构成视觉语言的基本单位，它是叙事和表意的基础。而在进行后期剪辑时，镜头是两个剪辑点之间的一段视频画面。

一、镜头的景别

景别是指摄影机和被摄体之间距离不同，从而造成被摄体在画面中呈现出不同的大小。景别大致可以分为大远景、远景、全景、中景、近景、特写、大特写等。

（一）大远景

大远景的拍摄距离特别远，视野宽广，多数以外景为主，用于展现整体环境，可以显示场景的所在之处。人物若出现在大远景中，会显得特别小，所以大远景多用在影片开头，如图 3-52 所示。

（二）远景

　　远景相当于从远距离观看景物或人物，背景占主要地位，人物较小，通常用于介绍环境全貌和自然景色。远景给较近的镜头提供空间上的参考，如图 3-53 所示。

图 3-52　大远景

图 3-53　远景

（三）全景

　　用全景拍摄人物，画面中可容纳其整个身体，头部接近画面顶部，脚部接近画面底部，常用来表现人物的全身动作或场景全貌，也可以用于表现人物之间，人物和环境之间的关系，如图 3-54 所示。

（四）中景

　　用中景拍摄人物，可以拍到人物的膝盖或者腰以上的部位，或者场景局部的画面（主要针对人物划分的景别）。中景是叙事功能最强的一种景别，在包含对话、动作和情绪交流的场景中，可以更好地表现人物的身份、动作和动作的目的。在拍摄多人时，可以清晰地表现人物之间的关系，用来交代故事的发展进程，如图 3-55 所示。

图 3-54　全景

图 3-55　中景

（五）近景

　　用近景拍摄人物，可以拍到胸部以上的部分，有利于近距离观察人物或物体的局部。近景能清楚地看到人物的细微动作，主要表现人物的面部表情，表达人物的情感，如犹豫、悲伤、高兴等。近景常用于拍摄人物之间的感情交流，一般以一人作为画面的主体，将其他人物作为陪体或前景处理，如图 3-56 所示。

（六）特写

用特写拍摄人物，可以拍摄到人物肩部以上的部分，或者人物的某一局部。特写镜头能细微地表现人物的面部表情，深入刻画人物，主要用来描绘人物的内心活动。特写镜头具有普通视角不具备的特殊视觉感受，多用于突出人物和物体的细节，具有强调、提示的作用，但特写镜头很难展现拍摄环境的情况，如图 3-57 所示。

图 3-56　近景

图 3-57　特写

（七）大特写

大特写可以拍摄对象的某个细节部分，让其占满整个画面，如眼睛、嘴、手等。大特写的取景范围比特写更小，因此，其表现的对象也被放得更大。大特写具有更明显的强调和突出作用，给人带来极其鲜明、强烈的视觉效果，如图 3-58 所示。

图 3-58　大特写

（八）正反打镜头

正反打镜头是指两个人物面对面的时候，镜头对人物进行互相切换，一般用来表现人物的对话和人物的反应，也就是一个人对另一个人说的话做出的反应，如图 3-59 所示。

（a）

（b）

图 3-59　正反打镜头
（a）示意一；（b）示意二

二、镜头的角度

镜头的角度是指在拍摄视频时，摄影机与被摄体之间的角度，通常也代表对被摄体的某种看法。拍摄的角度由摄影机的位置决定，与被摄体无关。摄影机的角度一般可分为以下几种。

（一）水平角度

水平角度是指摄影机与被摄体保持基本相同的水平角度。这种镜头角度比较接近我们日常生活的视角，也接近于日常生活的视觉效果，因此，水平角度显得比较客观，不会让观众产生主观优越感。

（二）仰视角度

仰视角度是指摄影机低于水平角度，从下向上拍摄的镜头。这种镜头角度使被摄体体积夸大，显得更加高大、威严，可以让观众产生一种紧张感、压迫感。仰视镜头常用来拍摄高大、庄严的形象等，如图 3-60 所示。

（a） （b）

图 3-60 仰视角度
（a）示意一；（b）示意二

（三）俯视角度

俯视角度是指摄影机高于水平角度，从上向下拍摄，使被摄体呈现一种被压抑的感觉，画面内的景物显得比较卑微、弱小，观众会产生一种居高临下的视觉感受。这种镜头角度也可以用于展示比较开阔的场面和空间环境，如图 3-61 所示。

（四）鸟瞰角度

鸟瞰角度是指摄影机在被摄体的正上方向下拍摄，可以让观众产生一种高高在上的感觉，与天空中鸟的视角相似。鸟瞰角度多用于无人机拍摄城市、山川、河流等风景，如图 3-62 所示。

图 3-61 俯视角度 图 3-62 鸟瞰角度

三、镜头的运动方式

镜头的运动方式是指摄影机在拍摄时的运动方向。摄影机的运动方式可归纳为如下几种。

（一）推

推是指摄像机向被摄体方向，由远及近推近拍摄，或者改变镜头焦距由远及近向被摄体不断接近。此时，镜头景别也会发生变化，即景别由大到小，被摄体由小变大。推镜头形成视觉前移效果，多用于突出主体、刻画人物、描述细节、制造悬念等，给人一种靠近、接近的感觉。

其电影的开场中用了推镜头，运用镜头推进的过程将观众慢慢带入故事情节（图3-63）。

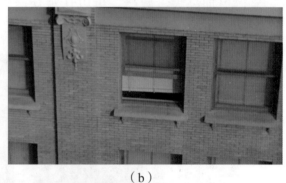

（a）　　　　　　　　　　　　（b）

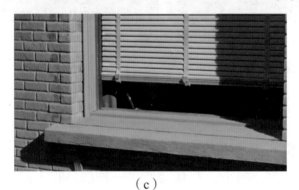

（c）

图 3-63　推镜头（某电影）
（a）示意一；（b）示意二；（c）示意三

（二）拉

拉是指摄像机逐渐远离被摄体，或者改变镜头焦距由近及远，与被摄体不断拉开距离，镜头景别产生由小到大的变化，被摄体由大变小。拉镜头形成视觉后移效果，多用于表现主体与所处环境的关系，给人一种远离、离开的感觉。

在某电影的片尾，镜头逐渐拉出，人物越来越小，最后缩成一个点，风车在画面前景中占据了较大的面积，和人物刚好形成对比，这对主人公悲剧的一生是很好的视觉结语（图3-64）。

（a）

（b）

图 3-64　拉镜头（某电影）

（a）示意一；（b）示意二

（三）摇

摇是指固定摄像机的位置，在水平方向左右摇动，拍摄环境或人物，常用于介绍环境，表现运动主体的动态、运动方向和运动轨迹，也可以引导观众转移注意力。另外，摇还分为左右摇和上下摇，其中左右摇多用于表现广阔的自然风景或者声势浩大的群众场面；上下摇则适于表现高大、雄伟的建筑物，险峻、陡峭的悬崖峭壁等。

某电影中利用慢摇镜头表现姐妹俩清晨在乡村小路上跑步的场景，展现了二人与周围环境的反差和爸爸的严厉（图 3-65）。

图 3-65　摇镜头（某电影）

（四）移

移是指摄影机沿水平方向做各个方向的移动拍摄。随着镜头的移动，拍摄内容不断变化，被摄体也不断变化，可以产生强烈的动感和节奏感，多用于表现人与物、人与人、物与物之间的空间环境关系。

某电影为展现秋田犬小八初次到帕克家的场景，用移动的主观镜头（小八视角的镜头）跟随着小八的运动拍摄，表达出了一条狗对于新家的好奇（图3-66）。

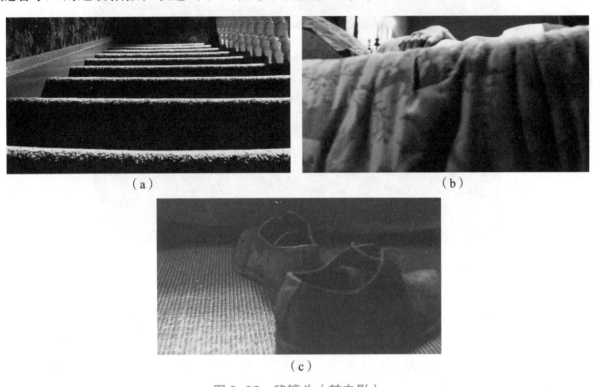

（a）　　　　　　　　　　　　　　　（b）

（c）

图3-66　移镜头（某电影）
（a）示意一；（b）示意二；（c）示意三

（五）跟

跟是指摄影机跟随被摄体一起运动并进行拍摄，被摄体单一而且在画面中始终保持和被摄体有一个固定的拍摄距离，不能推进或拉远。可连续地表现角色在行动中的动作和表情，既能突出主体，又能展现主体的运动方向、速度、体态及其与环境的关系，画面中背景环境具有不断变化的特点。

某电影中使用了大量的跟镜头，表现了主人公早晨忙碌、紧张的状态（图3-67）。

（六）升降

升降是指将摄影机固定在升降装置上，随着升降装置一边升降，一边拍摄完成的镜头，被称为"升降镜头"。升降镜头常用于

图3-67　跟镜头（某电影）

展示时间的规模、气势。通过升降镜头，可以在拍摄过程中不断改变摄影机的高度和仰俯角度，为观众提供丰富的视觉感受（图 3-68）。

（a）　　　　　　　　　　　　　　　　（b）

图 3-68　升降镜头（某电影）

（a）示意一；（b）示意二

（七）固定镜头

固定镜头是指在单一镜头中，摄影机在完全固定的情况下完成拍摄，被摄体可以是静态的，也可以是动态的。画面中人物可以任意移动、走出画面或进入画面，同一画面的光影也可以发生变化。固定镜头有利于表现静态环境，常用于大景别的拍摄，如远景、全景等，可以用来交代事件发生的地点和环境。固定镜头会给人带来深沉、庄重、宁静等视觉感受。

在某电影中，男女主人公重逢的对话戏穿插着固定镜头的正反打（展现对话双方来回切换的固定镜头），如图 3-69 所示。

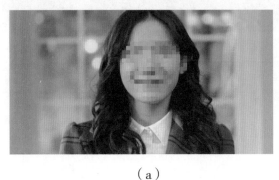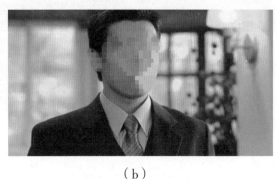

（a）　　　　　　　　　　　　　　　　（b）

图 3-69　固定镜头（某电影）

（a）示意一；（b）示意二

（八）空镜头

空镜头是指画面中没有人物的镜头，有拍景与拍物之分。拍景的往往用全景、远景，通常称为风景镜头；拍物的多用特写、近景。空镜头经常用来介绍故事发生的环境、时间等信息，有时也不只是单纯地描写景物，还用于把客观的景物与主观情绪结合起来，作用是比喻、象征、抒情和烘托气氛等。

　　运动拍摄是视频区别于图片的基本特征，镜头的各种运动方式可以单独使用，也可以结合起来使用。镜头的运动要根据影片主题内容进行表达，而且在拍摄时还要结合现场拍摄环境和场景等因素来决定使用哪种方式。

　　（1）学生创作团队根据本任务知识对本组拟定的脚本进行修改，说明对镜头语言的使用。

　　（2）要求镜头景别、角度、运动方式设计合理，具有独到之处；与选用的拍摄设备进行合理搭配。

　　（3）每组编导对本组脚本的修改进行说明，必要时可用图片来配合演示。

一、任务工单

任务工单

任务：掌握短视频镜头语言　　　　　团队名称：　　　　　脚本主题：

镜号	镜头			内容说明	对白	持续时间	备注
	景别	角度	运动方式				

二、任务准备

（1）设备准备：

（2）场地准备：

三、任务步骤

下面介绍拍短视频时如何把素材排好，怎样合理安排景别，读懂镜头语言。景别可以分为大远景、远景、全景、中景、近景、特写、大特写。事实上优秀的短视频都是由不同景别的画面组合而成的，就像蛇一样，每节就是一个镜头，有大有小（景别），组合在一起就成为一个短视频。

1. 不同景别在画面里该停留的时间

大小不一的景别在一条视频里到底分别占用多少时间和比例呢？

因为画面里的元素比较多，看清楚需要时间，所以画面一般停留 3~5 秒，而全景停留 2~3 秒，中景停留 2 秒左右，近景停留 1~2 秒，特写停留 1 秒，大特写停留 0.5~1 秒。如果情节需要渲染情绪的镜头，不管是什么景别都可以适当多停留一点时间，如表现人物悲伤的时候不能让演员刚流出眼泪就切换镜头。

2. 短视频各种景别所占比例

短视频中各种景别所占比例是多少呢？也就是说，在拍摄时，我们应该重点多拍哪些景别呢？

一般而言，一个故事类短视频近景 + 特写 + 大特写要占到整个视频时长的 3/5，远景和全景占 1/5，中景仅约占 1/5。也就是说，如果制作一个时长为 2 分钟的短视频，其中的远景和全景加起来可能不超过 5 个，那么我们为什么要拍这么多的近景和特写呢？一是这两个景别最有表现力和感染力；二是靠近物体拍摄可以有效规避其他元素，让画面显得干净；三是使用手机这类拍摄设备靠近拍，能得到更清晰的画质。

3. 如何用各种景别表达好一个故事

作为新人，我们可以采用以下几种模式去尝试拍摄短视频，你会发现原来拍短视频也很简单。

（1）正递进式：组合镜头的拍法。大远景、远景、全景、中景、近景、特写、大特写层层递进将所要展现的故事越来越清晰地呈现出来。

（2）逆递进式：从局部到整体的组接。大特写、特写、近景、中景、全景、远景、大远景层层拉开序幕，逐渐表达清楚主人公到底在干什么。很多喜剧类短视频的拍摄手法就是这种模式。

（3）总分总式。开头先用大远景或远景、全景交代环境，然后用中景、近景交代故事情节的发展，最后用远景和全景来结束拍摄。这种模式让故事非常紧凑，使拍摄者在短时间内就能讲清楚一件事，所以常用于抖音、快手等平台流行的简短情景剧的拍摄。

四、任务评价

序号	任务	能力	评价
1		掌握镜头的景别、角度以及运动方式的含义	
2		能够在编写分镜头脚本时设计镜头景别	
3	掌握短视频镜头语言	能够在编写分镜头脚本时设计镜头角度	
4		能够在编写分镜头脚本时设计镜头运动方式	
5		能在短视频拍摄过程中做好镜头的景别、角度以及运动方式，提供优秀素材	

注：评分标准为给出 1~5 分，它们各代表：较差、合格、一般、良好、优秀。

五、任务总结

（1）准备工作做得是否充分？

（2）团队成员在任务实施过程中是否实现了个人目标？

拓展阅读

拍摄中镜头语言的具体应用

1.旁观式的镜头语言

在所有镜头语言中，旁观式镜头较为常见，由于拍摄者并不出现在镜头中，不受镜头干扰，可以更加真实、客观地传递情绪。在人物类短视频的拍摄过程中，若想更好地应用旁观式的镜头语言，就需要被拍摄者积极配合。为了更好地实现短视频的拍摄效果，可以利用入画、出画、淡入、淡出等拍摄方式，传递短视频所要表达的情感内容。例如，在杭州共青团"新时代 新青年"系列短视频中，拍摄者在拍摄地铁司机时，就通过旁观式镜头语言的使用，利用出画、入画的技巧将地铁司机儿子的童真，及其对父亲的思念等情感内容进行准确的表达。同时，这些镜头语言的使用也展现了地铁司机这个职业经常加班的辛苦。

2. 在场式的镜头语言

在场式的镜头语言可以更好地调动受众的情绪，给受众以身临其境之感，引起受众对短视频中人物的情感共鸣。因为短视频拍摄多是使用移动设备，所有画面及镜头语言都是浓缩在小屏幕中。这会影响拍摄时的细节及重点的表达。为弥补这一缺憾，可以充分利用在场式的镜头语言，通过对感性及细腻镜头的捕捉，消除受众与短视频中人物的距离感，更好地调动受众的情绪。例如，在对车站服务人员的人物短视频拍摄中，可以运用在场式的镜头语言，使用特写，如拍摄服务人员奔跑的脚步，解决问题时嘴部的动作，或是制服上的笑脸徽章等。拍摄种种细节可以更好地凸显地铁服务人员工作的辛苦，使受众对其工作产生认同感。

课后练习

一、填空题

（1）_____是指摄像机从开始拍摄到停止拍摄这段时间，不间断拍摄的连续视频画面。

（2）_____是指摄影机和被摄体之间由于距离不同而呈现出不同的大小。

（3）_____是指在拍摄视频时，摄影机与被摄体之间的角度，通常也代表对被摄体的某种看法。

（4）镜头的运动方式是指在拍摄时_____的运动方向。

二、简答题

（1）简述镜头景别的类型。

（2）简述镜头角度的类型。

（3）简述镜头运动方式的类型。

任务四　掌握短视频的灯光使用

　　今天，慧敏跟随团队去拍摄现场搭设摄影棚。摄影师老李和老刘架设好摄像机之后，让慧敏坐在访谈对象的位置，他们不断调整灯的角度和位置，然后拍摄一段样片在笔记本电脑上观看效果。老李和老刘忙了半天，让枯坐等待的慧敏很是不解。

　　调试完毕后，慧敏又向老李请教。老李说："我们现在在室内进行拍摄，灯光对于拍摄效果有很大的影响，过暗，拍摄对象面部会有阴影，画面也会显得压抑，与庆典的主题不符；过亮，容易过度曝光，给后期制作带来麻烦，甚至需要补拍，而且拍摄对象还会显得油光满面。总之，我们在拍摄短视频的时候一定要重视灯光的使用。"

知识储备

一、光的种类

　　短视频拍摄用到的光源主要分为两种：自然光源和人造光源。

（一）自然光源

　　自然光源又称为天然光，是指非人为制造的光源，也就是自然界中的日光和天空反射光。

　　日光在清晨和黄昏时的色温较低，发出的光线柔和，比较适合拍摄视频。正午的光线比较强、硬，照射出来的影子比较实，缺乏立体感，不适合拍摄视频。

（二）人造光源

　　人造光源指人为制造的光源，如火把、蜡烛、电灯等，这里主要指拍摄时打光所用的灯光器材。

　　在拍摄时，要想营造特定的光线效果和氛围，或者在光线不好的情况下进行人工补光，一般需要通过多种灯光来组合打光，而各种灯具能实现的功能和所打出的灯光效果都不一样，具体如下。

（1）主灯：在拍摄时用来照亮被摄体最主要的光源。

（2）辅灯：主要用来提高主光所产生阴影部位的亮度，使阴暗部位呈现出一定的质感和层次；同时，还可以减少影像反差。辅灯弱于主光，起辅助作用，需要配合主光使用。

（3）轮廓灯：在主体和背景影调重叠的情况下，轮廓灯起分离主体和背景的作用，使画面影调层次富于变化，增加形式美感。轮廓灯经常和主光、补光配合使用。

二、光的基本特性

（一）光度

光度是光源发光强度和光线在物体表面的照度，以及物体表面呈现的亮度的总称，主要是指灯光照射的强度。光源发光的强度和照射的距离都会影响光度。在拍摄时，只有准确把控摄像机与灯光的距离，才能更好地控制被摄体的影调。

（二）光位

光位是指光源相对于被摄体的位置，即光线的方向与角度。在拍摄同一物体时，不同的光位会导致被摄体的明暗分布不同，由此而产生的光影造型也不一样，从而影响了被摄体的质感和形态。

光位主要分为顺光、侧顺光、侧光、侧逆光、顶光、逆光等，如图 3-70 所示。

（三）光质

光质就是光的性质，通常分为硬光和软光。

硬光是指光线直接照射在被摄体上，在其表面产生的阴影棱角分明，轮廓鲜明，反差高。硬光照射下的被摄体表面的物理特性比较明显，如受光面、背光面和投影都非常鲜明，明暗反差比较大，对比效果较为明显，有助于表现受光面的细节和质感。

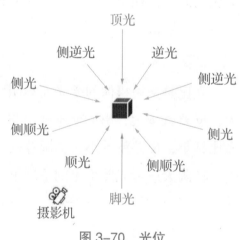

图 3-70　光位

软光也称为柔光，是一种漫反射光，如大雾天气中的阳光，软光没有明确的方向性，可以更均匀地照亮被摄体，而不是生硬地从一个方向照射。软光产生的阴影比较柔和，边缘相对模糊，明暗反差小。

小贴士

使用柔光布、柔光纸和反光板等装置可以将硬光转化为柔光，但是没有办法将柔光转化成硬光。

（四）光型

光型是指各种光线在拍摄时的作用。各种光线有着不同的作用和效果，常用的光型分为主光、辅光、装饰光、轮廓光、背景光和模拟光等。

（1）主光：用来照亮被摄体的主要光线，是一个场景中最基本的光源，其他的灯光在场景中都只起辅助作用。主光是显示景物、表现质感、塑造形象的主要照明光源。用主光进行拍摄时，要尽可能避免摄影机靠近主光源，否则拍摄出来的画面会很普通，没有特色及想象空间。

（2）辅光：又称为补光，用于提高主光所产生阴影部位的亮度，减小影像反差，使阴影变得浅淡，呈现出一定的质感和层次。辅助光源一般都放置在主光源相反的一面，亮度比主光源小。手机的闪光灯可以作为很好的辅光光源使用。

（3）装饰光：主要用来对被摄体局部进行装饰或展示被摄体细节的层次。装饰光多为窄光，如人物中的眼神光、珠宝首饰的耀斑光等。

（4）轮廓光：用来勾勒被摄体轮廓的光线，可以增强被摄体的立体感和空间感，逆光和侧逆光常用于轮廓光。

（5）背景光：主要用来照射背景，灯光位于被摄者后方，并向背景照射，用来突出主体，美化画面，衬托被摄体，渲染环境和气氛。

（6）模拟光：又称为"效果光"，是用来模拟某种现场光线效果而添加的辅助光。

（五）光比

光比是指被摄体的受光面与阴影面的受光比例。光比与影调密切相关，被摄体的光比越大，反差就越大，影调就越硬，与画面中的其他环境形成强烈反差，立体感变强；被摄体的光比越小，反差就越小，影调越软，与画面其他环境的反差较小，会丧失一定的立体感。

在阴天或者光照不足的情况下，被摄体的光比一般都比较小，为了提高画面的明暗反差效果，突出被摄体，就需要进行打光拍摄。

（六）光色（色温）

光色就是用来表示光源颜色的数值，通常将光色称为"色温"，单位是开尔文（简称"开"）。

色温决定着光的冷暖，通常我们会把红色、黄色、橙色等归为暖色调，而把白色、蓝色、青色等归为冷色调。色温的数值越低，画面就越偏黄；色温的数值越高，画面就越偏蓝。

（1）暖色光：色温在3300开以下，暖色光与白炽灯相近，而色温在2000开左右的则类似烛光，红光成分居多，能给人以温暖、健康、舒适的感受，适用于住宅、餐厅、宾馆等或温度比较低的场所。

（2）中性色光：又称为冷白色，它的色温为3300~5300开，中性色由于光线柔和，给人愉快、舒适、安详的感受，适用于商店、医院、办公室、饭店、餐厅、候车室等场所。

（3）冷色光：又称为"日光色"，色温超过5300开，光源接近自然光，有明亮的感觉，可使人精力集中，适用于办公室、会议室、教室、绘图室、设计室、阅览室、展览橱窗等。

任务布置

（1）学生创作团队根据本任务所学知识对本组拟定的脚本进行修改，说明对灯光的使用情况。

（2）要求灯光安排合理，与环境、主题搭配得当。

（3）每组编导对本组脚本的修改进行说明，必要时可用图片来配合演示。

任务实施

一、任务工单

任务工单

任务：掌握短视频的灯光使用　　　　团队名称：　　　　脚本主题：

镜号	镜头			灯光	内容说明	对白	持续时间	备注
	景别	角度	运动方式					

二、任务准备

（1）设备准备：

（2）场地准备：

三、任务步骤

如果将短视频影像看作一幅画，光线就是画笔，而光影则造就了影像画面的立体感。布光方式并无好坏之分，但是无论风格如何，布光的基本原则——打造画面的立体感，是万变不离其宗的。传统的电影打光方法要求"五光俱全"，也就是辅光、眼神光、轮廓光和环境光都要涉及。下面以人物为主体来进行主光、辅光和轮廓光的布置。

1. 主光的布置

主光的作用是照亮主体（人物）。

主光通常放置在主体侧前方，而且在主体与摄像机之间连线 45~90 度角的位置（图 3-71）。需要注意的是，主光越向侧面移动，光在人物脸上形成的效果就越具有戏剧效果。当主光位于 90 度角方向时，形成极端的侧光效果，这种对比鲜明的侧光通常在表现阴郁诡异气氛的短视频中出现。

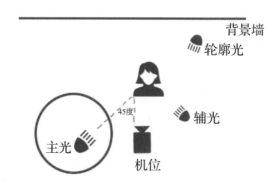

图 3-71　主光光位

主光最完美的角度也就是位于 45 度角并以略微高于主体的高度俯射主体。这样的主光会在人物脸部鼻子侧面与眼下形成一块明显的三角形阴影，而此时人物的脸部非常具有立体感。

2. 辅光的布置

辅光能够还原较为真实和生活化的视觉效果。

辅光的位置通常位于主体（人物）的另一侧前方，通常也位于主体与摄像机之间连线45~90度角的位置。辅光的位置不同，在人物脸上呈现的艺术效果和感受也不同，需要和主光搭配起来使用（图3-72）。

需要注意的是，主光的强度一定要比辅光大，而主光与辅光的光比通常为2：1和4：1等。

3. 轮廓光的布置

轮廓光通过打亮主体人物的头发（所以轮廓光也称为发光）、肩膀等的边缘，可以将主体和背景分开，从而增强画面的层次和纵深感。

轮廓光的位置通常位于主体后侧方与主光大致相对的位置，并以略高于主体的高度俯射主体（图3-73）。经过柔化、较为自然的轮廓光不易被肉眼察觉，适合用于访谈类短视频的拍摄，而较硬且较亮的轮廓光则具有艺术化的修饰效果，通常被用在某些渲染氛围的剧情类短视频中。

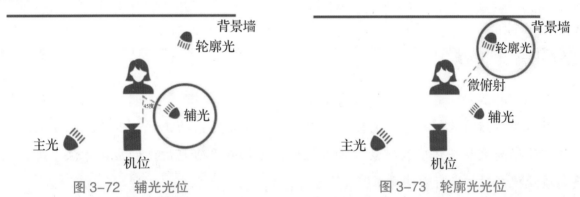

图 3-72　辅光光位　　　　　　　图 3-73　轮廓光光位

需要特别提醒的是，在多数情况下，主光、辅光和轮廓光都要求光质尽量柔和。

四、任务评价

序号	任务	能力	评价
1	掌握短视频的灯光使用	掌握光的特性，并能将其运用到短视频拍摄和后期制作中	
2		能够在编写分镜头脚本时设计灯光的布置	
3		能够根据场地特点和脚本设计选择合适的灯具，以保证拍摄顺利进行	
4		能够在短视频拍摄过程中利用灯具营造适宜的光源	
5		能在后期制作中弥补光的缺陷	

注：评分标准为给出1~5分，它们各代表：较差、合格、一般、良好、优秀。

五、任务总结

（1）准备工作做得是否充分？

（2）团队成员在任务实施过程中是否实现了个人目标？

拓展阅读

拍摄高质量视频的灯光要求

短视频虽然时长较短，但它的拍摄也是一项非常复杂的工作，创作团队要提高作品质量，除了研究镜头语言、布景、脚本之外，可以着重研究灯光的应用方法。那么，拍摄高质量视频对灯光有哪些要求？

（1）亮度。灯光的亮度足够满足场景补光要求。这是基础要求，因为灯光的首要任务就是用来补光。现在的专业影视灯，能做到功率的极细微调整，所以，灯具功率亮度可以越高越好，创作空间和灯光调整区间都会更大。

（2）无频闪，光线柔和。在使用高清摄影机、摄像机拍摄短视频时，必须使用恒稳的光源才能保证画面质感，所以在室内拍摄，有经验的摄影师不轻易使用家居照明。柔和的光线接近自然光，在此种光线下拍摄的画面更加干净舒适，如果不便于携带柔光箱，平板灯和卷布灯也可以实现柔和光效。

（3）显色指数高。灯光只有具有高显色指数，才能保证灯光下的画面颜色与现实中无差别，否则就会偏色，进行后期处理时也会非常局限，因此灯光显色指数应在95以上，接近太阳光。

（4）色温可调。清晨、日暮、篝火、烛光等场景都需要用暖光才能达到既贴近真实又极具氛围感的效果，单色温灯造价低一些，可以配备暖色片，但现场拍起来频繁更换暖色片会略微麻烦。

（5）运动场景要求灯光便携性。实现运动场景的全场景灯光布置，需要使用一套非常专业且昂贵的灯光设备，如果是拍摄短视频，会有成本压力，更便捷的方式就是多安排助手，手持便携灯光跟随主角移动，或者在相机热靴座上安装小平板灯。

（6）特殊场景需要带场景光的 RGB 灯。如果短视频中涉及烟花、灯会、晚会、科技感等元素，一支 RGB 全彩灯便可以提供不同颜色的光，我们还可以使用场景光来制作身临其境的画面感受。

（7）小型灯需多准备一些。在不能使用家居照明的室内场景，需要在橱柜、电视机、冰箱、沙发、茶几柜等背后"藏灯"，达到多角度布光的目的，从而塑造出空间立体感。

（8）大功率场景灯至少准备一台。夜晚的室外场景，若没有其他光源也没有大功率场景灯来照亮整个空间的话，全景拍摄是看不清人的，所以至少需要一台大功率的场景灯，然后在拍摄人物近景时用小功率灯补光。

（9）电池供电的灯光一定要有，首选"双电源供电"灯光。这样在没有供电线路的场景拍摄，也不愁补光问题，灯具都是高耗电产品，需要多准备几块电池。

（10）准备折叠反光板。对于强度不大的阴影面，使用反光板补光是最方便、快捷、灵活而又实惠的补光方式。

📖 课 后 练 习

一、填空题

（1）短视频拍摄用到的光源主要分为_____和_____。

（2）_____是在拍摄时用来照亮被摄体最主要的光源。

（3）_____是光源发光强度和光线在物体表面的照度，以及物体表面呈现的亮度的总称，主要是指灯光照射的_____。

（4）_____是指光源相对于被摄体的位置，即光线的方向与_____。

（5）光质就是光的性质，通常分为_____和_____。

二、简答题

（1）简述人工补光时各种灯具能够实现的功能和打出的灯光效果。

（2）简述硬光和软光的性质。

（3）简述光位的含义与分类。

（4）简述光型的含义与分类。

项目四

短视频后期制作

项目情境

经过一段时间的拍摄，新森公司的拍摄团队获取了大量的视频素材，刘伟决定拍摄与后期制作同步进行，先制作一批短视频交付学校，以获取学校的意见。所以，他让慧敏留在公司协助后期团队的工作。

慧敏又将面临新的挑战。

项目目标

知识目标

1. 了解常用的短视频后期制作 App；

2. 了解常用的短视频后期制作软件；

3. 了解短视频后期制作的主要工作；

4. 掌握短视频镜头的组接；

5. 掌握短视频声音和字幕的处理；

6. 掌握移动端短视频后期制作的基本方法；

7. 掌握 PC 端短视频后期制作的基本方法。

技能目标

1. 能够熟练使用常用的短视频后期制作 App 和短视频后期制作软件制作短视频；

2. 能够根据实际需要制订后期制作工作计划；

3. 能够利用后期制作工具为短视频添加声音、字幕和特效。

素养目标

1. 树立终身学习、爱岗敬业、团队合作的意识；

2. 形成认真负责、团结友爱的职业风格。

思维导图

```
                                          ┌─────────────────────┐
                          ┌──────────────│ 一、短视频后期制作App │
              ┌──────────────────┐        └─────────────────────┘
              │      任务一        │       ┌─────────────────────┐
              │ 认识短视频后期制作工具│──────│ 二、短视频后期制作软件 │
              └──────────────────┘        └─────────────────────┘
  ┌──────────────┐
  │    项目四      │
  │ 短视频后期制作  │
  └──────────────┘                        ┌─────────────────────┐
              ┌──────────────────┐       │ 一、后期制作的主要工作 │
              │      任务二        │       ├─────────────────────┤
              │ 掌握短视频后期制作技能│──────│ 二、镜头的组接        │
              └──────────────────┘       ├─────────────────────┤
                                          │ 三、声音              │
                                          ├─────────────────────┤
                                          │ 四、字幕              │
                                          └─────────────────────┘
```

任务一　认识短视频后期制作工具

任务导入

虽然慧敏在学校接触过短视频制作，也经常在朋友圈上发布自己拍摄的短视频，但是当她坐在电脑前准备制作短视频的时候，慧敏不禁有些茫然。

刘伟见她一时没有头绪，就说："现在短视频后期制作工具分为移动端和 PC 端两种，使用的场景各有不同。对于我们现在这个项目，客户要求的品质较高，我们就需要功能更加完备的 PC 端短视频后期制作软件，你现在的任务就是尽快熟悉相关软件的功能与操作。"

知识储备

一、短视频后期制作App

随着短视频的发展，各种短视频后期制作 App 层出不穷，它们各具特色。下面将介绍几款备受欢迎、实际好用的后期制作 App，让短视频后期制作变得轻而易举。

（一）小影 App

小影 App 是一款集手机视频拍摄与视频编辑于一身的软件。因该软件的视频拍摄风格多样，特效众多，而且由于视频拍摄没有时间限制，得到众多"90 后""00后"视频制作者的欢迎。

小影 App 最大的特色就是即拍即停。在小影 App 上，我们可以拍摄、剪辑视频，可以设置特效让图像呈现出不一样的效果，还可以保存没有上传的视频草稿。图 4-1 为小影 App 的

图 4-1　小影 App 的主要功能

主要功能。

（1）视频剪辑：小影 App 拥有电影级的后期配置，如视频剪辑、视频配音、视频音乐等，简单易懂且上手快，可以实现快速视频后期打造。

（2）视频特效：视频特效主要是对图像进行特殊处理，包括一键大片、拍摄、新手教程、素材中心、美颜趣拍、画中画编辑、画中画拍摄以及音乐视频等，可以使图像呈现出特效。

（3）保存草稿：已经完成编辑但是还没有上传的视频，以及尚未完成编辑的视频将在此处保存，以便后期提取使用。

（4）相册 MV：点击即可利用照片制作成视频 MV。

此外，小影 App 还有下列具体功能：一是实时特效拍摄镜头；二是超棒的 FX 特效以及大量精美滤镜可供用户选择与使用；三是利用小影 App 拍摄手机视频，除了可以在拍摄时就使用大量精美滤镜之外，该软件还有"自拍美颜"拍摄模式、"高清相机"拍摄模式，以及"音乐视频"拍摄模式，更有九宫格辅助线可以帮助用户完成电影级的手机视频拍摄。

（二）快影 App

快影 App 是一款简单易用的视频拍摄、剪辑和制作工具，其强大的视频剪辑功能，以及丰富的音乐库、音效库和新式封面，让用户在手机上就能轻松完成视频编辑和视频创意，从而制作出令人惊艳的视频效果。如图 4-2 所示。

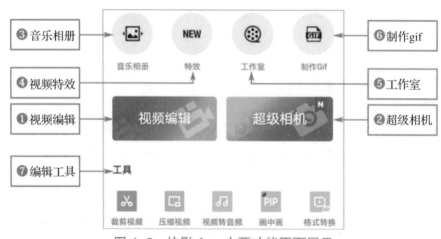

图 4-2　快影 App 主要功能页面展示

（1）视频编辑：对手机中已经存在的短视频进行后期处理。精美滤镜功能，可以对视频进行滤镜切换，风格随意选择；视频涂鸦功能，可以直接对视频进行涂鸦，增加了视频的创造性；动态贴纸功能，可以将好看的贴纸粘贴在视频中，让视频更富有趣味性。除此之外，该功能还能给视频添加主题、为视频配乐，以及设置视频比例、背景和淡入淡出等，让手机视频拍摄的后期处理工作更有乐趣，更具吸引力。

（2）超级相机：用户可以利用此功能轻松完成视频的拍摄。

（3）音乐相册：主要针对的是图片，将图片制作成为动态音乐相册。

（4）视频特效：通过 App 的素材中心，可以提供各种特效素材。

（5）工作室：对于已经发布的和还没有编辑完的视频，都能在此处保存。

（6）制作 gif：对视频、图片进行编辑后可导出格式为 gif 的图像。

（7）编辑工具：提供更系统、更专业的单项视频编辑操作工具。

（三）巧影 App

巧影 App 的主要功能有视频剪辑、视频图像处理和视频文本处理等。

除了对手机视频的常规编辑之外，巧影 App 还有视频动画贴纸、各色视频主题，以及多样的过渡效果等，能帮助手机视频的后期处理更上一层楼。图 4-3 为巧影 App 的主要功能页面展示。

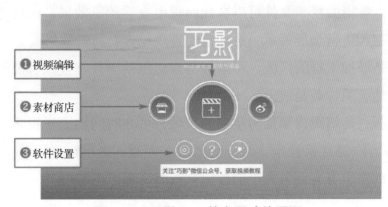

图 4-3　巧影 App 的主要功能页面

（1）视频编辑：单击该按钮即可进行视频的后期编辑，巧影 App 中的后期编辑主要有手机短视频的剪辑、字幕的添加、特效添加、图层覆盖、为视频配音以及为视频添加背景音乐等。

（2）素材商店：用户可以在素材商店中下载相应的特效、滤镜、字体、背景音乐、贴纸等，能够让视频后期编辑的种类更加丰富。

（3）软件设置：单击"软件设置"按钮可以设置软件的硬件参数，如视频默认时间调整、排序方式、浏览模式、已录制视频的位置，以及输出帧率等。

二、短视频后期制作软件

虽然移动端后期制作 App 的功能已经很全面了，而且操作起来相当方便，但想要取得更加完美的效果，让短视频变得更加引人注目，就少不了后期软件的助攻了。下面介绍几款比较常用、容易上手的后期软件。

（一）快剪辑

快剪辑提供了大量的声音特效、字幕特效、画面特效等多种功能，最重要的是，无强制片头片尾，无广告。快剪辑的工作界面也比较简洁、大方，主要包括预览面板、素材库、时间轴面板三大部分，具体如图 4-4 所示。

图 4-4 快剪辑的工作界面

（1）预览面板：剪辑的视频文件可以在此面板中查看预览效果，而且还可以点击面板右下方的扩展图标对视频进行全屏展示，更加全面直观地查看剪辑效果。

（2）素材库：是添加素材的区域，可添加的素材包括图片、音频、视频，其上传的路径有两条，一条是本地，另一条是线上。

（3）时间轴面板：是编辑视频最为重要的区域，可在时间轴上对视频进行剪辑和后期制作，比如编辑字幕、添加背景音乐、制作音效等。而且，时间轴的大小也是可以自由调节的，在时间轴面板的左上方有调节大小的按钮，按照需求点击即可。

（二）爱剪辑

爱剪辑的特点在于接地气的功能设计，符合大众的使用习惯和审美特点，而且简单易学，新人也能迅速学会后期制作。

爱剪辑提供全面的视频与音频格式支持、妙趣横生的文字特效、各式各样的风格效果、眼花缭乱的转场特效、迷人动听的音频效果、炫酷时尚的字幕功能、专业大方的相框贴图，以及贴心的去水印功能。总而言之，后期制作的功能应有尽有。

爱剪辑的工作界面简单大方，让人一目了然，主要包括菜单栏、信息列表、预览面板、添加面板和信息面板五大板块，如图 4-5 所示。

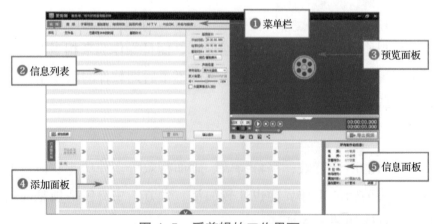

图 4-5 爱剪辑的工作界面

（1）菜单栏：主要有"视频""音频""字幕特效""叠加素材""转场特效""画面风格""MTV""卡拉OK"以及"升级与服务"等栏目，在需要对视频或者音频进行效果添加的时候单击对应的图标即可。

（2）信息列表：是展示编辑的视频或者音频的区域，假如是剪辑两段或者两段以上的视频，先剪辑好的视频素材可以在此面板中查看相关信息，比如"文件名""截取时长"和"在最终影片中的时间"。此外，这个区域也是设置各种特效的地方，选择风格、转场都是在此处完成的。

（3）预览面板：是展示剪辑中的视频效果的面板。在此区域中，不仅可以对视频进行加速或减速，还可以调节音量的大小。

（4）添加面板：主要展示加入的视频或者音频素材，双击空白处便可添加视频，上传十分便捷。

（5）信息面板：展示制作中的视频详细信息，每多加一个步骤，信息面板中的视频信息就会发生变化，让用户可以清晰地了解自己的剪辑流程。

（三）会声会影

会声会影提供了完善的编辑功能，用户利用它不仅可以全面控制影片的制作过程，还可以为采集的视频添加各种素材、转场、覆叠及滤镜效果等。用户使用会声会影编辑器的图形化界面，可以清晰而快速地完成各种影片的编辑工作。

会声会影的工作界面主要包括菜单栏、步骤面板、预览窗口、素材库、导览面板、选项面板和时间轴面板等，如图4-6所示。

图4-6　会声会影的工作界面

（1）菜单栏：包括"文件""编辑""工具""设置""帮助"5个菜单，主要提供视频编辑的主要功能，并解决用户的疑问，如新建普通项目文件、为视频自定义变形或运动效果、分离音频、制作不同的视频格式等。

（2）步骤面板：主要功能是显示操作步骤，帮助用户梳理和编辑进度。

（3）预览窗口：可以显示当前的项目、素材、视频滤镜、效果或标题等。也就是说，对视频进行的各种设置基本都可以在此显示出来，而且还有些视频内容需要在此进行编辑。

（4）素材库：其中显示了所有视频、图像与音频素材，添加过的素材都可以在此界面显示出来并应用。

（5）导览面板：主要用于控制预览窗口中显示的内容，运用该面板可以浏览所选的素材，进行精确的编辑或修整操作。预览窗口下方的导览面板上有一排播放控制按钮和功能按钮，用来预览和编辑项目中使用的素材。

（6）选项面板：包含了控件、按钮和其他信息，可用于自定义所选素材的设置，该面板中的内容将根据步骤面板的不同而有所不同。在编辑视频时，用户可在此进行音量、音频特效、视频速度、场景分割等方面的调整。

（7）时间轴面板：主要是用来查看视频的时长，并在其中关注总体进度。

（四）PPT

PPT在一般人的心目中都被定义为幻灯片演示工具，无非是用来总结报告、做图表、教书育人的，但现在我们也可以用PPT制作简易的短视频。

（1）进入WPS软件，新建一个演示文稿，先插入相应的素材，再单击"插入"按钮，然后单击"音频"按钮，在弹出的下拉菜单中选择"嵌入背景音乐"选项，如图4-7所示。

图 4-7　插入素材的 PPT

（2）执行上述操作后，会弹出如图4-8所示的页面，选择已经下载好的背景音乐，单击"打开"按钮。

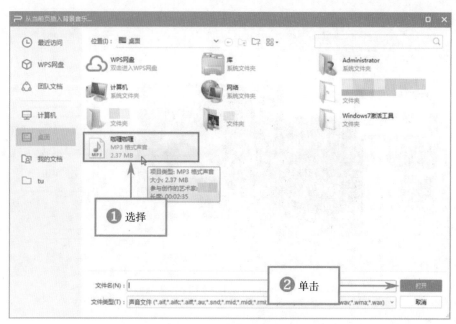

图 4-8　嵌入背景音乐

（3）执行上述操作后，文档页面就会出现如图 4-9 所示的喇叭图标，这意味着背景音乐嵌入成功。

图 4-9　背景音乐嵌入成功

（4）单击页面上方的"动画"按钮，进入动画效果的设置步骤；执行操作后，会出现如图 4-10 所示的多种选项，此时单击"切换效果"按钮；页面右侧会弹出多种动画效果和效果的时间设置，单击相应的效果，如"盒状收缩"；单击"应用于所有幻灯片"按钮即可。

图 4-10　动画切换效果设置操作

小贴士

如果想要变换切换的动画效果，也可以分别设置每一张的幻灯片效果，不过这样耗费的时间要稍微长一点，当然，效果也会更好。

（5）至此，对于素材的加工就结束了，只要单击"云服务"按钮，在"云服务"面板中单击"输出为视频"按钮，便可完成短视频的制作了，如图 4-11 所示。

图 4-11　输出为视频

小贴士

使用 PPT 快速制作短视频是一种比较便捷的方式，因为它的操作步骤非常简单，这是优点，但不足之处是特效样式少，无法达到非常高的质量水平。但如果时间紧，要求又不高的话，可以考虑这种上手快、能够批量制作的途径。

（五）**Premiere Pro CC 2020**

Premiere Pro CC 2020 是目前影视编辑领域内应用最为广泛的视频编辑处理软件。该软件专业性强，操作更简便，可以对声音、图像、动画、视频、文件等多种素材进行处理和加工，从而得到令人满意的影视文件。

Premiere Pro CC 2020 的工作界面上主要有效果控件、节目面板、项目面板和时间轴面板，如图 4-12 所示。

图 4-12　Premiere Pro CC 2020 工作界面

（1）效果控件：用户可以通过此面板控制对象的运动、透明度、切换效果以及改变特效的参数等。

（2）节目面板：用户可以自由选择观看编辑时间线上的内容，比如选中某个时间段，面板就会展示不同的画面内容。

（3）项目面板：由四个部分构成，最上面的一部分为素材预览区；在预览区下方的为查找区；位于最中间的是素材目录栏；最下面是工具栏，也就是菜单命令的快捷按钮，单击这些按钮可以方便地完成一些常用操作。

（4）时间轴面板：是进行视频编辑的重要区域，主要分为"视频"轨道和"音频"轨道两大部分，其中"视频"轨道用于放置视频图像素材，"音频"轨道则可以用于放置音频素材。

任务布置

（1）学生创作团队在网上查找本任务介绍的短视频后期制作软件或 App，并在手机和电脑上安装。

（2）比较各种短视频后期制作软件的优点和缺点，选择本组将要使用的软件。

（3）剪辑师介绍本组所选后期制作软件，并说明选择理由。

任务实施

一、任务工单

任务工单

任务：认识短视频后期制作工具　　　团队名称：

项目	完成情况
选择的短视频后期制作工具	
在手机和电脑的安装情况	
比较各手机端工具的优缺点	
比较各 PC 端工具的优缺点	
选择手机端工具的理由	
选择 PC 端工具的理由	

二、任务准备

（1）设备准备：

（2）场地准备：

三、任务步骤

1. 使用小影 App 一键生成主题视频

（1）打开小影 App，在页面下方单击"视频编辑"按钮，然后在页面上方单击"视频剪辑"按钮，如图 4-13 所示。

（2）在打开的页面中选择要编辑的视频，然后单击右上方的"下一步"按钮，如图 4-14 所示。

图 4-13　单击"视频剪辑"按钮

图 4-14　选择视频

（3）拖动工具栏按钮，找到并单击"静音"按钮，如图 4-15 所示。

（4）在页面下方单击"主题·配乐"按钮，选择需要的主题，在此选择"几何派对"主题，如图 4-16 所示。若单击"更换配乐"按钮，则可以更改主题音乐。

图 4-15　单击"静音"按钮

图 4-16　选择主题

（5）在页面下方单击"素材·效果"按钮，拖动视频条定位到要添加字幕的位置，然后单击"字幕"按钮，如图 4-17 所示。

（6）选择字幕样式，然后在视频中单击文字进行修改，如图 4-18 所示。

图 4-17　单击"字幕"按钮

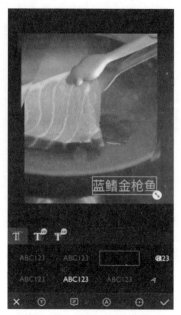

图 4-18　修改字幕文字

（7）在页面下方单击按钮，在打开的面板中设置字体、颜色、描边、阴影等选项，然后单击页面右下方的"⬛"按钮，如图 4-19 所示。

（8）拖动视频条，将时间线定位到字幕出现的位置，然后拖动控制柄，调整字幕的开始时间和结束时间，最后单击页面右下方的"添加"按钮，如图 4-20 所示。待视频编辑完成后，便可进行导出与发布操作。

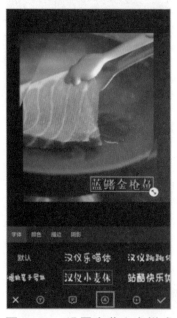

图 4-19　设置字幕文字样式

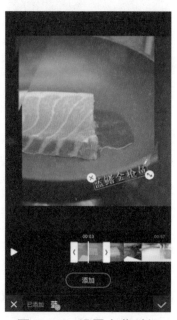

图 4-20　设置字幕时间

2. 使用巧影 App 制作视频配音字幕和多视频同框效果

1）制作视频配音字幕

（1）打开巧影 App，单击"创建项目"按钮，如图 4-21 所示。

（2）在打开的界面中选择视频比例（如9∶16），如图4-22所示。

图4-21　单击"创建项目"按钮

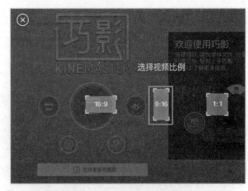

图4-22　选择视频比例

（3）进入"视频编辑"界面，在页面右上方的控件面板上单击"媒体"按钮，如图4-23所示。

（4）选择要编辑的视频，然后单击右上方的"●"按钮，如图4-24所示。

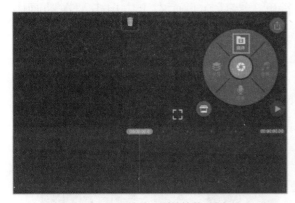

图4-23　单击"媒体"按钮

图4-24　选择视频

（5）用两根手指拉大视频条的显示比例，将时间线定位到要添加字幕的位置，然后单击时间线上的"时间"按钮便可添加书签，如图4-25所示。

（6）采用同样的方法，在需要输入字幕的位置继续添加书签，如图4-26所示。

图4-25　添加书签

图4-26　继续添加书签

（7）若要删除书签，可以长按视频条上的"时间"按钮，在弹出的菜单中选择"清除所有书签"选项，如图4-27所示。若在弹出的菜单中选择书签，便可跳转到相应的位置。

（8）将时间线定位到第 1 个书签处，单击右上方控件面板上的"分层"按钮，然后在弹出的菜单中单击"文本"按钮，如图 4-28 所示。

图 4-27 删除书签

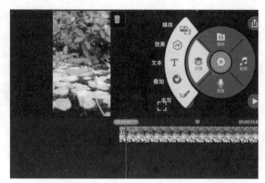

图 4-28 单击"文本"按钮

（9）在打开的界面中输入文本，然后单击"◎"按钮，即可创建"文本"层，如图 4-29 所示。

（10）返回"视频编辑"界面，调整文本条的长度，然后在页面右上方单击"在动画中"按钮，如图 4-30 所示。

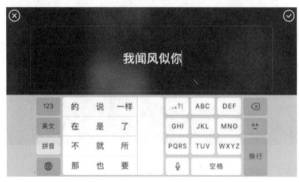

图 4-29 输入文本

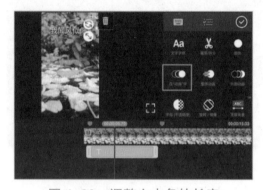

图 4-30 调整文本条的长度

（11）在弹出的面板中选择需要的动画，然后单击"◎"按钮，如图 4-31 所示。

（12）选择字幕条，然后在左侧单击"·:·"按钮，在弹出的菜单中选择"复制"选项，如图 4-32 所示。

图 4-31 选择需要的动画

图 4-32 选择"复制"选项

（13）此时便可复制字幕，复制的字幕在字幕条的下方显示，如图4-33所示。

（14）长按字幕并拖动调整其位置，然后在页面右上方单击"键盘"按钮，即可编辑字幕文本，如图4-34所示。

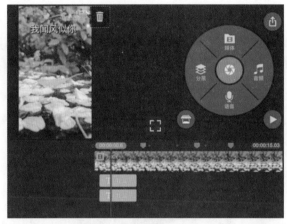

图4-33　复制字幕　　　　　　　　　　　　　　　　图4-34　编辑字幕文本

（15）采用同样的方法继续添加字幕，添加完成后单击右上方的"分享"按钮，如图4-35所示。

（16）进入"导出并共享"页面，在"分辨率"控件中用手指拖动选择视频分辨率，然后采用同样的方法设置帧频，单击右下方的"Export"按钮，如图4-36所示。

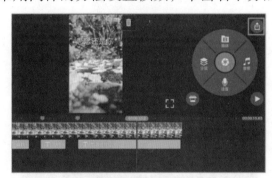
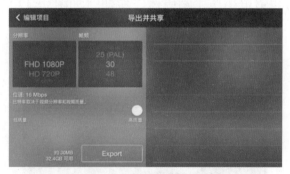

图4-35　继续添加字幕　　　　　　　　　　　　　　图4-36　设置分辨率和帧频

（17）在打开的界面中单击右上方的"跳过"按钮，开始导出视频，如图4-37所示。

（18）待导出完成后，返回巧影App首页界面，即可查看编辑过的项目，根据需要可以随时再次进行编辑，如图4-38所示。

图4-37　单击"跳过"按钮　　　　　　　　　　　　图4-38　查看编辑项目

2）制作多视频同框效果

巧影 App 支持无限的文本、图像、手写和覆盖层的叠加，以及拥有多达 10 个视频层，可以轻松实现多视频同框效果。使用巧影 App 制作多视频同框效果的具体操作方法如下。

（1）创建新项目，将视频比例选择为 1∶1，如图 4-39 所示。

（2）进入"视频编辑"界面，导入视频，然后拖动视频条，在打开的面板中单击"画面调整"按钮，如图 4-40 所示。

图 4-39　选择视频比例

图 4-40　单击"画面调整"按钮

（3）在打开的界面中向右拖动视频，使其位于画布右侧，单击"⊙"按钮，如图 4-41 所示。

（4）将时间线定位到视频开始位置，然后单击右上方控件面板上的"分层"按钮，在弹出的菜单中单击"媒体"按钮，如图 4-42 所示。

图 4-41　拖动视频

图 4-42　单击"媒体"按钮

（5）选择要导入的视频，然后单击按钮，如图 4-43 所示。

（6）调整视频的大小和位置，然后在右侧单击"画面调整"按钮，如图 4-44 所示。

图 4-43　选择视频

图 4-44　调整视频的大小和位置

（7）在打开的界面中开启"遮罩"选项，并选择遮罩形状，然后单击"◉"按钮，如图4-45所示。

（8）选择好视频后，在右侧单击"音量"按钮，在打开的界面中单击"静音"按钮，关闭视频音量，然后单击"◉"按钮，如图4-46所示。

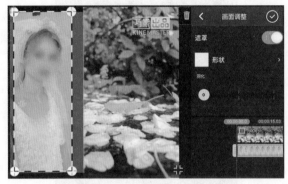

图4-45　选择遮罩形状

图4-46　单击"静音"按钮

（9）调整第2个视频在时间线上的开始位置，再创建一个"文本"层，并添加所需的文本，如图4-47所示。

（10）若创建的层较多，不便于编辑，可以在页面左侧单击"▤"按钮，显示更多层，如图4-48所示。编辑完成后，导出并发布视频即可。

图4-47　添加所需的文本

图4-48　显示更多层

3. 使用快影App制作文字视频与自动识别字幕

1）制作文字视频

在快影App中可以轻松地创建文字视频，即只需通过录音或导入视频，就可以将声音转换为动态的文字视频，具体操作方法如下。

（1）在手机上打开快影App，单击"文字视频"按钮，如图4-49所示。

（2）在打开的界面中单击"实时录音"按钮，如图4-50所示。

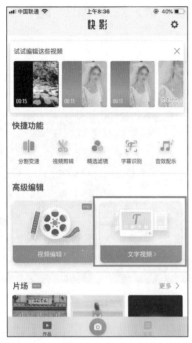

图 4-49　单击"文字视频"按钮

图 4-50　单击"实时录音"按钮

（3）在打开的页面中单击"录音"按钮，如图 4-51 所示。

（4）现在开始录音，对着手机话筒说出要说的话。待录音完毕，单击右下方的"完成"按钮，如图 4-52 所示。

图 4-51　单击"录音"按钮

图 4-52　开始录音

（5）开始上传录音，等待上传完成即可，如图 4-53 所示。

（6）待上传完成后，便可自动生成文字动画。在下方拖动文字，识别错误的文字并单击，如图 4-54 所示。

图 4-53 上传录音

图 4-54 识别错误文字

（7）在打开的界面中修改文字，然后单击"完成"按钮，如图 4-55 所示。

（8）在工具栏中单击"样式"按钮，选择字体格式、文本颜色及背景颜色。若要使用手机上的图片，则单击左下方的"图片"按钮，如图 4-56 所示。

图 4-55 修改文字

图 4-56 单击"图片"按钮

（9）在打开的界面中选择要使用的背景图片，如图 4-57 所示。

（10）在界面的左下方单击右侧的"图片效果"按钮，在弹出的列表中选择"背景叠黑"选项，如图 4-58 所示。

图 4-57 选择要使用的背景图片

图 4-58 选择图片效果

（11）在工具栏中单击"变声"按钮，然后选择要使用的声音效果，单击"播放"按钮，可以试听声音效果，如图 4-59 所示。待设置完成后，再单击右上方的"导出"按钮。

（12）开始导出视频并等待其完成，如图 4-60 所示。

图 4-59 选择声音效果

图 4-60 导出视频

2）自动识别字幕

使用快影 App 除了可以进行常规的视频剪辑，添加滤镜、配乐、音效和字幕外，还可以利用其"自动识别"功能将视频中的原声直接转换为视频上的字幕，具体操作方法如下。

（1）在快影 App 主界面中单击"视频编辑"按钮，如图 4-61 所示。

（2）在打开的界面中选择要编辑的视频，可以根据需要选择多个视频进行拼接，然后单击"完成"按钮，如图 4-62 所示。

图 4-61　单击"视频编辑"按钮

图 4-62　选择视频

（3）在下方单击"字幕"按钮，然后单击"自动识别"按钮，在弹出的提示信息框中单击"开始识别"按钮，如图 4-63 所示。

（4）播放视频，开始自动识别视频中的声音。待识别完成后，找到有错误的字幕，单击"编辑字幕"按钮便可进行修改，如图 4-64 所示。

图 4-63　自动识别字幕

图 4-64　修改字幕

（5）在"视频编辑"页面下方单击"封面"按钮，拖动视频条选择要作为封面的画面，还可以根据需要在下方选择并编辑贴图，将其添加到封面上，如图 4-65 所示。

（6）单击右上方的按钮，选择视频尺寸，然后单击"导出"按钮，便可导出视频，如图

4-66 所示。

图 4-65　选择封面画面并编辑贴图

图 4-66　选择视频尺寸

4. 使用乐秀 App 制作照片音乐卡点视频

在抖音上有一种照片音乐卡点视频很受欢迎，时长 10~20 秒，由 1 段时长为 2 秒的视频加多张 0.5 秒照片高频闪现组成，配合动感十足的背景音乐，颇具时尚大片感。下面使用乐秀 App 制作照片音乐卡点视频，具体操作方法如下。

（1）在手机上打开"乐秀"App，单击"视频编辑"按钮，如图 4-67 所示。

（2）为配合音乐，完美卡点，在此选择 1 段视频和 16 张照片，然后单击"添加"按钮，如图 4-68 所示。

图 4-67　单击"视频编辑"按钮

图 4-68　添加视频和照片

（3）进入"视频编辑"界面，根据需要为视频添加文字、滤镜、转场、贴图、特效等效果，如图4-69所示，然后单击"片段编辑"按钮。

（4）进入"片段编辑"界面，在下方选择第1段视频，然后单击"剪裁"按钮，如图4-70所示。

图4-69　单击"片段编辑"按钮

图4-70　单击"剪裁"按钮

（5）拖动"调节"按钮，调整视频区间为2秒，如图4-71所示；也可以单击"调节"按钮，手动输入起始时间和结束时间。

（6）单击"音量"按钮，向下拖动滑块，使音量变为0，如图4-72所示。

图4-71　调整视频区间

图4-72　调整音量

（7）在"片段编辑"下方选择图片素材，然后单击"时长"按钮，如图4-73所示。

（8）进入"时长"界面，通过拖动滑块，将时长设置为0.5秒，然后单击"✅"按钮，如图4-74所示。

图4-73　单击"时长"按钮

图4-74　设置时长

（9）在弹出的菜单中单击"所有照片时长"选项，然后单击右上方的"✅"按钮，如图4-75所示。

（10）待片段编辑完成后，单击右上方的按钮，返回"视频编辑"界面。在下方单击"声音"按钮，然后单击"配乐"按钮，如图4-76所示。

图4-75　单击"所有照片时长"选项

图4-76　单击"配乐"按钮

（11）进入"添加配乐"界面，单击"本地音乐"按钮，选择要使用的卡点音乐，然后单击"添加"按钮，如图4-77所示。

（12）待视频编辑完成后，单击右上方的"设置"按钮，在弹出的菜单中选择视频分辨率（图4-78），然后将视频导出。

图4-77 添加卡点音乐

图4-78 选择视频分辨率

（13）若iPhone用户无法找到本地音乐，可以先将音乐文件上传到手机QQ上，然后选中音乐文件，如图4-79所示。

（14）使用手机QQ打开音乐文件，然后单击右上方的"⋯"按钮，在弹出的面板中单击"用其他应用打开"按钮，如图4-80所示。

图4-79 选中音乐文件

图4-80 打开音乐文件

（15）单击"拷贝到'乐秀'"按钮，便可在"乐秀"App中添加该音乐，如图4-81所示。

图 4-81　添加音乐

四、任务评价

序号	任务	能力	评价
1		对短视频后期制作 App 有较深了解	
2	认识短视频后期制作工具	对短视频后期制作软件有较深了解	
3		能够根据个人能力和脚本需要选择合适的短视频后期制作工具	
4		能够熟练操作后期制作工具制作短视频	

注：评分标准为给出 1~5 分，它们各代表：较差、合格、一般、良好、优秀。

五、任务总结

（1）准备工作做得是否充分？

（2）团队成员在任务实施过程中是否实现了个人目标？

课 后 练 习

1. 简述小影 App 的主要功能。

2. 简述乐秀 App 的主要功能。

3. 简述巧影 App 的主要功能。

4. 简述快剪辑的主要功能。

5. 简述爱剪辑的主要功能。

任务二   掌握短视频后期制作技能

经过一段时间的学习，慧敏已经掌握了公司常用短视频后期制作软件的基本操作，不过刘伟告诉她，这只是"万里长征第一步"。于是他向慧敏详细介绍了短视频后期制作的基本过程和主要工作。

知识储备

一、后期制作的主要工作

后期制作就是对前期拍摄的素材，按照要求进行后期处理，使其形成完整的影片。后期制作主要包括剪辑、特效、包装、调色、成片输出等功能工作。

（一）剪辑

剪辑是指将所拍摄的素材，进行整理、筛选、分解和组合的过程，最终得到一个连贯、自然、主题鲜明的视频故事，或者某种视觉呈现效果。

剪辑前的准备工作包括以下几个方面。

1. 熟悉素材

首先要浏览素材，对拍摄的每条素材内容做到心中有数，只有这样才可以按照要求或剧本理清剪辑思路。

2. 剪辑构思

在详细了解素材内容后，剪辑师结合拍摄的素材和剧本，整理出剪辑思路，再构思整个影片的结构框架。

3. 整理素材

可以把前期拍摄时的废弃素材或确定不需要的素材删掉，然后按照时间、地点、场景或者人物进行整理。整理素材没有固定的方法，按照自己的习惯进行即可，主要是方便在剪辑时，能快速找到需要的素材，从而提高剪辑效率。

（二）粗剪

在剪辑过程中，一般通过粗剪和精剪两个阶段来完成全部剪辑工作。粗剪主要是挑选需要的素材、合适的镜头，并将其修剪、组接起来。这个阶段不需要太深入的操作，只需要把整个影片的结构、情节组合出来，保持镜头之间组接逻辑合理、流畅。

（三）精剪

精剪就是在粗剪的基础上进行"减法"的操作，修剪掉多余的部分，对细节的部分做精细调整，使镜头之间的组接更流畅，节奏更紧凑。在精剪过程中，还需要加入音乐和音效，并且对声音进行处理，如调整声音的大小等。

精剪并不是一两次就能完成的，需要反复调整，才能剪辑出满意的作品，这是一个反复修改、调整、尝试的过程。

（四）特效

在精剪完成后，影片的剪辑工作基本完成，然后就要进入特效处理阶段了。此时添加视频特效，如视频转场特效、合成特效、三维特效等，可以达到预期的视觉效果。

（五）包装

包装可以理解为对影片做一种外在形式的美化修饰，如添加片头和片尾、人物名条等，让影片风格更突出，也更吸引人。

（六）调色

调色分为两部分：首先，要校正画面颜色。由于拍摄时经常会遇到拍摄的画面颜色有偏差或曝光不准确等情况，同一场景镜头之间的影调色彩也可能出现一致性情况，此时就需要校正颜色和曝光。其次，要对视频画面颜色进行风格调整，用色调表达影片的情绪并创造意境。

（七）成片输出

剪辑的最后一步就是将完成的影片输出为可以在短视频平台上播放的文件，也就是从剪辑软件中导出成片。因为影片输出的时间会相对较长，所以在输出之前，需要再次将影片播放一遍，确保影片没有问题后再导出成片。

二、镜头的组接

组接不是简单地将零散的镜头组接拼凑在一起，而是根据一定的规律和目的进行再次创作。

（一）景别的组接方式

1. 逐步式组接

在组接过程中，我们通常按照景别逐步组接，从远景逐步到特写，或者从特写到远景。

（1）由远及近（接近式）：远景→全景→中景→近景→特写。由远及近的组接方式常用于影片的开始，展示一个场景中的人物发生的事情。从大的环境开始逐步到环境中的人物和所发生的事情，在空间上有一种"从远到近"的感觉。

（2）由近及远（远离式）：特写→近景→中景→全景→远景。由近及远的组接方式常用于影片的结尾，从人物和所发生的事情逐步转到大的环境中，代表故事结束于这个环境，在空间上有一种"从近到远"的感觉。

2. 跳跃式组接

跳跃式组接是指将不相邻的景别直接组接，如远景直接组接近景或者中景、特写，也可以远景直接组接特写等。跳跃式组接方法在剪辑中也很常用。例如：

（1）远景→中景→特写。

（2）特写→中景→远景。

（3）远景→近景。

（4）远景→特写。

（二）镜头运动方式的组接

1. 运动方向相反的镜头不要组接

例如，一个向左摇的镜头组接一个向右摇的镜头，或者使用向前推的镜头组接向后拉的镜头等，这种镜头之间的运动方向相反的组接要尽量避免。因为每个镜头的运动所表达的意义不同，如向前推的镜头代表"进入"的意思，而向后拉的镜头则代表"离开"的意思，这样组接在一起就会显得比较乱。

2. 运动速度尽量保持一致

在拍摄运动镜头时，运动的速度可能不一样，当将运动镜头组接在一起时，应尽量保持镜头之间的速度一致，这样可以显得镜头运动比较流畅。

3. 去掉起幅和落幅

起幅是指运动画面最开始静止的部分；落幅是指运动画面最后静止的部分。在组接不同运动方式的镜头时，通常需要先去掉起幅和落幅再进行组接。

（三）镜头的时间长度

在镜头组接中要注意每个镜头的时间长度。首先，根据要表达的内容和观众对画面的接受能力来决定；其次，以画面构图和内容的复杂程度等因素来决定。例如，在通常情况下，远景、中景等镜头中所拍摄的画面包含的内容较多，观众看清楚这些画面中的内容所需的时间相对较长。而对于近景、特写等镜头，画面中包含的内容较少，观众只需要花费较短时间就可以看清楚画面中的内容，所以画面的停留时间可以短一些。

小贴士

在剪辑过程中，镜头所呈现的时间长度应尽可能让观众看清楚画面的基本信息，这在快节奏的影片中更应该注意。

（四）镜头的转场

影片中段落与段落、场景与场景之间的过渡或转换称为转场。在剪辑时，通常会在上一个段落或场景的最后一个镜头和下一个段落或场景的第一个镜头之间添加转场。常用的转场效果主要包括以下几种。

1. 淡入

淡入是指一个段落的第一个画面逐渐显现，直至达到正常的亮度，画面由暗变亮，最后完全清晰。其一般用来表示一段故事或剧情的开始，常用在影片的第一个镜头，重点突出故事的开篇。另外，也可以用在影片中，如新环境、新段落的第一个镜头，从而重点突出新故事发生的环境。

2. 淡出

淡出是指上一段落最后一个镜头的画面逐渐隐去（至黑场），画面由亮转暗，以至完全隐没。其一般用来表示一段故事、剧情告一段落，常用在一个故事结束或者一段剧情的最后一个镜头，用来阐述一个故事的情节或者描述整个故事的结尾。

3. 叠化

叠化是指前一个镜头的画面与后一个镜头的画面互相叠加，前一个镜头的画面逐渐隐去，后一个镜头的画面逐渐显现的过程。叠化主要有以下几种功能：用于时间的转换，表示时间的消逝；用于空间的转换，表示空间已发生变化；表现梦境、想象、回忆等插叙、回叙场景。

4. 划

划也称为划像，可分为划出与划入。前一个画面从某一方向退出画面称为划出；下一个画面从某一方向进入画面称为划入。根据进出画面的方向不同，其可分为横划、竖划、对角线划等。划像一般用于表现两个内容意义差别较大的段落转换。

5. 翻转

翻转是指画面以屏幕中线为轴转动，前一个段落为正面，画面向后转最终消失，而背面画面向前转到正面，开启另一个段落。翻转常用于对比性或对照性较强的两个段落的切换。

6.定格

定格是指将画面运动主体突然变为静止状态，定格在一个画面上。定格多用于强调某一主体的形象、细节，还可以增加视觉冲击力，一般用于片尾或较大段落的结尾处。

7.闪回

闪回是指为了表现人物心理活动和感情变化，突然将短暂的画面插入某一个场景中，用来表现人物此时此刻的心理活动和思想感情，即用看得见的画面展现人物看不见的内心变化和发展。此外，闪回也能让视频产生特殊的悬念作用。

三、声音

（一）人声

人声指视频中的人物在表述信息、传递情绪时发出的声音，又可以分为对白、独白和旁白。

（1）对白指的是两个或多个人物之间进行交流的语言。

（2）独白指人物的内心语言，没有开口说话，有点儿像写作中的心理描写，如演讲、自言自语都属于独白。

（3）旁白与内心独白相似，也是以画外音的形式出现的，是指画面外的人声对影片的情节、人物心理进行描述。旁白常用于影片的开头处，快速交代故事发生环境或概况，旁白相对来说是比较客观的陈述。

（二）背景音乐

背景音乐是在影片中用于环境衬托的音乐，可以是歌曲，也可以是纯音乐，一般配合情节的发展和人物的情绪使用，能够起到渲染情绪、烘托气氛、刻画人物心理、增强情感表达效果的作用。

短视频的风格鲜明多样，时间短、节奏快，影片的情绪和节奏需要用音乐进行引导，让观众能快速感受到影片的情绪和节奏，在短时间内产生共鸣。选择背景音乐时，需要明确视频的风格、情绪基调和表达的主题等，然后从这些方面入手，选择符合短视频内容的背景音乐。

（三）音效

音效是指除了人声和音乐，环境中出现的一切声音，包括所有自然环境或人造空间中出现的声音，如开门声、关灯声、马路上的行车声等。音效可以增强画面的真实感，渲染氛围，刻画人物形象。按照音效使用的场景和类别可以将其分为动作音效、机械音效、自然音效、动物音效、环境音效、特殊音效等。

（1）动作音效是指人和动物运动时产生的声音，如人走路、跑步、打斗时产生的声音，小狗奔跑的声音等，都属于动作音效。

（2）机械音效是指机械设备运行时发出的声音，如生活中常见的敲击键盘声、钟表声、门铃声、汽车发动声等都属于机械音效。

（3）自然音效是指自然界中发出的声音，如风声、雨声、雷声、水声等。

（4）动物音效是指动物发出的叫声，如猫叫声、狗叫声、鸟鸣声等。

（5）环境音效是指所处空间环境中的声音，如马路的声音、机场的声音、电影院的声音等。环境音效多是由环境中发出的各种声音的组合。

（6）特殊音效是指非自然界发出来的声音，也就是通过特殊处理后的音效，如惊悚、科幻等电影中的音效，多数是特殊音效。

小贴士

在后期制作中，声音是很容易被忽视的一个环节。因此，大家要善于倾听生活中的声音，平时多听音乐，而且是听不同类型的音乐，要多听多积累，听到喜欢的音乐便收藏起来，建立自己的音乐库，时间久了，积累的音乐越多，在给视频配音和配乐时就会得心应手。

四、字幕

字幕是指视频画面中显示的文字的总称，主要是辅助观众理解画面内容，用文字的形式展示人物的对话。

（一）字幕的类型和作用

1. 片名字幕

片名字幕多出现在视频开始时，可以起到画龙点睛的作用，也可称为标题字幕。片名字幕要做到尽量生动、准确、简洁明了。可以对样式多花些心思，因为好的片名字幕样式能体现出短视频的内容和风格，更容易吸引观众的眼球，如图 4-82 所示。

图 4-82　片名字幕

2. 片尾字幕

片尾字幕多在短视频结尾处出现，展示内容包括主创人员，以及参与制作的机构和协办人员的名称等，有时也会在片尾字幕上添加一些补充说明性的文字，方便观众了解更多的相关信息，如图 4-83 所示。

图 4-83　片尾字幕

3. 语音字幕

语音字幕一般是将人物对话内容用文字形式呈现出来，主要起复述性作用。语音字幕与声音同步出现，一般位于画面的底部，有助于观众理解，如图 4-84 所示。

图 4-84　语音字幕

4. 补充说明性字幕

补充说明性字幕用来补充、解释画面中没表现出来或没有表达清楚的内容，对于画面中的关键信息也需要进行补充说明，以配合视频中的声音，让观众能够及时获取有效的信息。例如，被采访人的信息（姓名、身份、职称等），交代时间、地点、事件的信息等，如图 4-85 所示。

（a）　　　　　　　　　　　　　　　（b）

图 4-85　补充说明性字幕
（a）示意一；（b）示意二

5. 花字

花字是指五颜六色、字体各异的包装性文字。花字不仅有着字幕的基本功能，也对画面有美化功能，如果利用好花字就可以为短视频增光添彩，如图 4-86 所示。

（a）　　　　　　　　　　　　　（b）

（c）　　　　　　　　　　　　　（d）

图 4-86　花字
（a）示意一；（b）示意二；（c）示意三；（d）示意四

6. 表情与动图

在短视频中使用表情和动图来替代文字，既能增加趣味性，又能让观众更直观、生动地体会到操作者所表达的内容，如图 4-87 所示。

（二）字幕的样式

1. 字体

短视频字幕常用的字体有楷体、黑体、行书、宋体、隶书、魏碑、草书、综艺体、卡通体等。需要根据短视频的内容和画面风格来确定字体，以保持和视

图 4-87　表情

频内容、风格的协调统一。

2. 大小

字幕的大小影响着内容的传递和观众对内容的接收程度，还会影响观众的阅读顺序。在观众的潜意识中，同一画面中的字幕越大、越清晰，优先阅读的等级越高，字幕越小，阅读等级越低。

3. 颜色

恰当的字幕颜色搭配，可以提高信息传达的效率，也能提升画面的美观度。语言字幕的颜色一般以白色为主，并加上轮廓或者阴影。其他类型的字幕要与背景画面的色彩搭配，颜色要突出，与背景画面形成对比，多选择对比明显、视觉效果舒服的颜色搭配，如图 4-88 所示。

图 4-88　字幕颜色

4. 排版

画面中的字幕排版要简洁明了、次序分明、条理清楚，能让观众一目了然，易读易懂。字幕的位置尽量不要在画面的边缘，也不要遮挡画面的关键信息。注意，字与字之间的距离也要合理把握，如图 4-89 所示。

图 4-89　字幕的排版

语言字幕一般水平排列在画面底部，并且要控制每一行的字数，不能太多也不能太少。其他字幕的排列要尽量保持简洁，既可以水平排列，也可以垂直排列，还需要根据画面来安排字幕的位置。有时候，为了营造特殊的视觉效果，字幕也可以倾斜不同的角度排列，打破画面的平衡，强调字幕的内容。

5.停留时间

字幕的停留时间应该符合观众的视觉感知规律，在通常情况下，字幕消失的时间可以相对于语音结束的时间再延长一些，这样观看起来会比较舒服。

总之，字幕的样式、排版设计要简约、美观、易懂，在视频画面的布局要疏密得当、错落有致，只有这样，才能让观众获得视觉上的平衡感。

任务布置

（1）学生创作团队根据本任务知识和拟定的脚本分派任务，制订实施计划。

（2）要求计划详细具体，确定每项工作的负责人员和起止时间。

（3）每组编导对本组实施计划进行说明。

任务实施

一、任务工单

任务工单

任务：掌握短视频后期制作技能　　　　团队名称：

项目		完成情况
脚本名称		
脚本概述		
实际计划说明		
团队成员 A	姓名	
	任务分工	
团队成员 B	姓名	
	任务分工	
团队成员 C	姓名	
	任务分工	
团队成员 D	姓名	
	任务分工	

二、任务准备

（1）设备准备：

（2）场地准备：

三、任务步骤

1.使用爱剪辑制作创意特效视频

1）导入与修剪视频

（1）启动爱剪辑程序，弹出"新建"对话框，输入片名和制作者并设置视频大小，然后单击"确定"按钮，如图4-90所示。

（2）打开程序窗口，单击"添加视频"按钮，如图4-91所示。

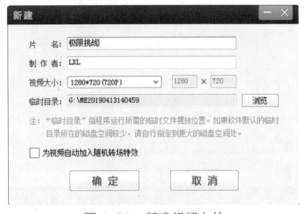

图 4-90　新建视频文件

图 4-91　单击"添加视频"按钮

（3）在弹出的"请选择视频"对话框中选择视频素材，再单击"打开"按钮，如图4-92所示。

图 4-92　选择视频素材

（4）待弹出"预览 / 截取"对话框后，单击"确定"按钮，如图 4-93 所示。

（5）将视频导入爱剪辑程序中。在视频预览区域的下方单击"保存所有设置"按钮，如图 4-94 所示。

图 4-93　"预览 / 截取"对话框

图 4-94　导入视频

（6）在弹出的对话框中选择保存位置后，输入文件名，单击"保存"按钮，如图 4-95 所示。

（7）在弹出的"提示"对话框中单击"确定"按钮，如图 4-96 所示。

图 4-95　设置保存选项

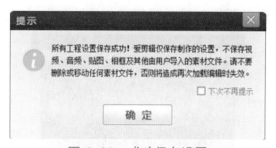

图 4-96　成功保存设置

（8）在视频列表中选择视频，在右侧单击"静音"按钮，将视频设置为静音，单击"确认修改"按钮，如图 4-97 所示。

（9）在程序窗口左下方的视频片段区域中用鼠标右键单击视频，在弹出的快捷菜单中选择"复制多一份"命令，或者直接按【Ctrl+C】组合键复制视频，根据需要将视频复制七次，如图 4-98 所示。

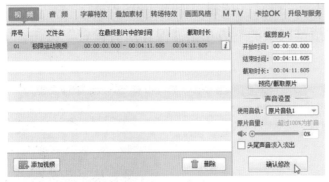

图 4-97　设置静音

图 4-98　选择"复制多一份"命令

（10）在左上方的视频列表中选择第一个视频，单击"预览 / 截取原片"按钮，如图 4-99 所示。

（11）在弹出的"预览 / 截取"对话框中播放视频并将时间定位到要剪取的位置，然后单击"拾取"按钮，分别设置要截取视频的开始时间和结束时间，然后单击"确定"按钮，如图 4-100 所

图 4-99　单击"预览 / 截取原片"按钮

示。单击按钮可以显示更长的时间条，单击"上一帧"按钮和"下一帧"按钮可以对时间点进行微调。待定位好时间后，再单击"拾取"按钮。

（12）采用同样的方法，对其他视频进行截取操作。若要实现快进或慢动作效果，可以选择"魔术功能"选项卡，在"对视频施加的功能"下拉列表框中选择所需的效果，选择"快进效果"选项，设置"加速速率"为 2，然后单击"确定"按钮，如图 4-101 所示。

图 4-100　设置开始时间和结束时间

图 4-101　设置加速速率

（13）视频截取完毕，查看其在最终影片中的时间和截取时长，如图 4-102 所示。

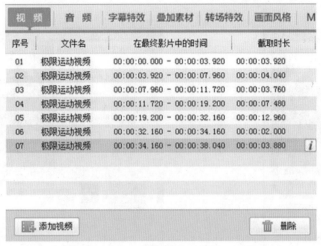

图 4-102　查看时间和截取时长

（14）在视频片段中拖动视频，可以调整其先后顺序，如图 4-103 所示。

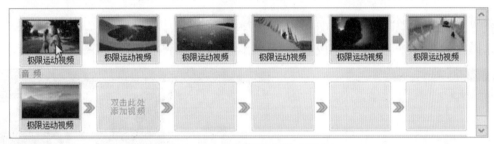

图 4-103　调整视频先后顺序

2）添加字幕

（1）在视频列表中选择第 1 个视频，单击"预览 / 截取原片"按钮，如图 4-104 所示。

图 4-104　单击"预览 / 截取原片"按钮

（2）待弹出"预览 / 截取"对话框后，选择"魔术功能"选项卡，在"对视频施加的功能"下拉列表框中选择"定格画面"选项，这样可以设置定格的时间点和定格时长，然后单击"确定"按钮，如图 4-105 所示。这样便可使视频在开始播放时停留 3 秒，并显示字幕动画。

（3）在程序窗口上方选择"字幕特效"选项卡，然后在视频预览画面中双击该选项卡，如图 4-106 所示。

图 4-105　设置定格画面

图 4-106　双击视频预览画面

（4）在弹出的对话框中输入文字"极限运动"，单击"确定"按钮，如图 4-107 所示。另外，在该对话框中，还可以根据需要为字幕配上音效。

（5）选择字幕文字，在"字体设置"选项卡下设置字体格式，如图 4-108 所示。

图 4-107　输入字幕文字

图 4-108　设置字体格式

（6）在字幕特效列表中选择"缤纷秋叶"特效，在右侧设置特效的停留、消失时长，选中"逐字消失"复选框，然后单击"播放试试"按钮，预览字幕效果，如图 4-109 所示。

图 4-109　设置字幕特效

（7）若要删除字幕特效，则可在右下方选择字幕特效，单击"删除"按钮，如图4-110所示。插入的字幕可以使用【Ctrl+C】(【Ctrl+X】)和【Ctrl+V】组合键进行复制（剪切）和粘贴操作。例如，若要更改文字出现的时间，可以选中文字后按【Ctrl+X】组合键进行剪切，然后拖动播放头到指定位置，再按【Ctrl+V】组合键进行粘贴操作。

图4-110　删除字幕

3）添加叠加素材

（1）选择"叠加素材"选项卡，在视频预览区双击，如图4-111所示。

图4-111　在视频预览区双击

（2）待弹出"选择贴图"对话框后，选择所需的图片，然后单击"确定"按钮，如图4-112所示。

（3）将贴图移至合适的位置，可以看到此时贴图位于文字上方，如图4-113所示。

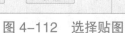

图 4-112　选择贴图　　　　　　　　　　　图 4-113　调整贴图位置

（4）若要更改文字的层叠顺序，可以在选择文字后进行剪切和粘贴操作，在窗口右下方可以看到叠加后的素材，如图 4-114 所示。

图 4-114　更改文字层叠顺序

（5）在"常用特效"列表中选择"快速淡入淡出（快速淡入 + 停留 + 快速淡出）"效果，设置贴图的"持续时长"和"透明度"，如图 4-115 所示。

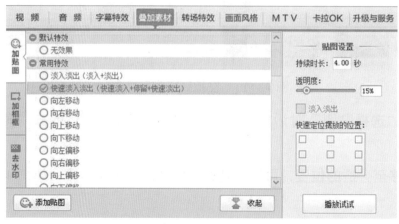

图 4-115　设置贴图的"持续时长"和"透明度"

（6）在视频片段列表中选择第 3 个视频，在左侧单击"加相框"按钮，然后选择所需的相框样式，单击"添加相框效果"按钮，在弹出的列表中选择"为当前片段添加相框"选项，然后单击"确认修改"按钮，如图 4-116 所示。

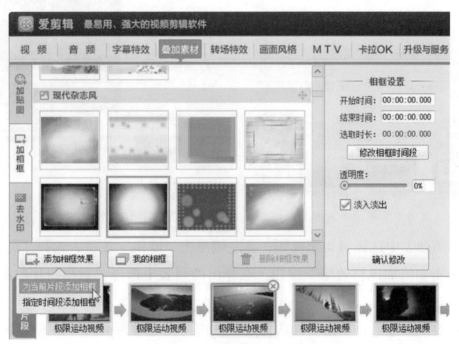

图 4-116 为当前视频片段添加相框

（7）此时便可为视频添加相框，效果如图 4-117 所示。

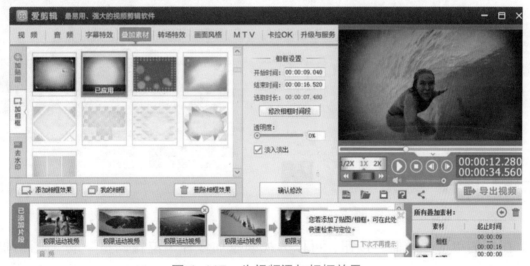

图 4-117 为视频添加相框效果

4）添加画面风格

（1）在视频列表中选择第 1 个视频，在上方选择"画面风格"选项卡，在左侧单击"动景"按钮，选择"画心"效果，然后单击"添加风格效果"按钮，在弹出的列表中选择"为当前片段添加风格"选项，如图 4-118 所示。

（2）此时便可在视频预览区预览为视频添加的"画心"风格效果，如图 4-119 所示。

图 4-118   为第 1 个视频添加画面风格

图 4-119   预览"画心"风格效果

（3）在视频列表中选择第 4 个视频，在左侧单击"滤镜"按钮，选择"震动视觉效果"选项，然后单击"添加风格效果"按钮，在弹出的列表中选择"为当前片段添加风格"选项，如图 4-120 所示。

（4）设置效果参数后，单击"确认修改"按钮，在视频预览区可以预览震动视觉效果，如图 4-121 所示。

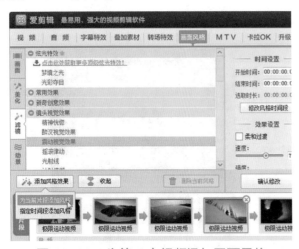

图 4-120   为第 4 个视频添加画面风格

图 4-121   设置风格效果参数

（5）在左侧单击"画面"按钮，可以为视频添加多种"位置调整"或"画面调整"效果，如图 4-122 所示。

（6）在左侧单击"美化"按钮，可以为视频添加"美颜""人像调色""画面色调"或"胶片色调"等效果，如图 4-123 所示。

图 4-122　添加画面效果

图 4-123　添加美化效果

5）添加转场效果

（1）在视频列表中选择第 2 个视频，在上方选择"转场特效"选项卡，然后在"3D 或专业效果类"列表中双击"震撼散射特效Ⅰ"转场效果，设置"转场特效时长"为 0.8 秒，然后单击"应用 / 修改"按钮，如图 4-124 所示。

（2）可以在预览区中预览为视频片段添加的转场效果，如图 4-125 所示。

图 4-124　设置转场特效

图 4-125　预览转场效果

（3）在视频列表中选择第 5 个视频，在"扇形效果类"列表中双击"扇形垂直收起"转场效果，设置"转场特效时长"为 2 秒，然后单击"应用 / 修改"按钮，如图 4-126 所示。

（4）此时可以在预览区中预览为视频片段添加的转场效果，如图 4-127 所示。

图 4-126　设置转场特效

图 4-127　预览转场效果

（5）在视频列表中选择第 6 个视频，在"3D 或专业效果类"列表中双击"多镜头特写特效"转场效果，设置"转场特效时长"为 1 秒，然后单击"应用/修改"按钮，如图 4-128 所示。

（6）在视频列表中选择最后 1 个视频，在"淡入淡出效果类"列表中双击"透明式淡入淡出"转场效果，设置"转场特效时长"为 1 秒，然后单击"应用/修改"按钮，如图 4-129 所示。

图 4-128　设置转场特效

图 4-129　设置转场特效

6）视频配乐与导出

（1）选择"音频"选项卡后，单击"添加音频"按钮，在弹出的列表左侧选择"添加背景音乐"选项，如图 4-130 所示。

（2）在弹出的"请选择一个背景音乐"对话框中选择音乐文件，然后单击"打开"按钮，如图 4-131 所示。

图 4-130　选择"添加背景音乐"选项

图 4-131　选择音乐文件

（3）待弹出"预览/截取"对话框后，单击"确定"按钮，如图 4-132 所示。

（4）此时便可插入背景音乐。在参数设置区域设置"音频在最终影片的开始时间"选项，即设置影片开始播放时有多长时间暂停播放音频，如图 4-133 所示。

图 4-132 "预览/截取"对话框

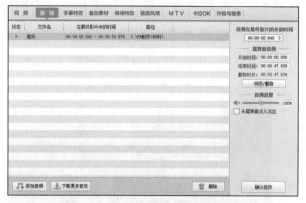

图 4-133 设置音频开始时间

（5）在视频列表中可以看到，音频长度超过视频长度 20 秒，如图 4-134 所示。

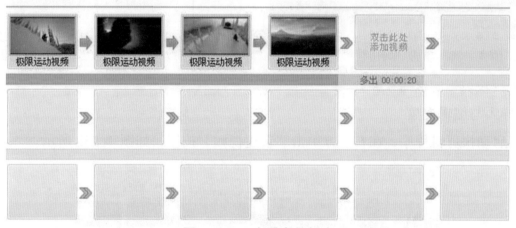

图 4-134 查看音频长度

（6）在参数设置区域中将"结束时间"减少 20 秒，选中"头尾声音淡入淡出"复选框，然后单击"确认修改"按钮，如图 4-135 所示。

图 4-135 设置音频结束时间

（7）在视频预览区右下方单击"导出视频"按钮，如图4-136所示。

（8）待弹出"导出设置"对话框后，设置"导出尺寸""导出路径"等参数，再单击"导出"按钮，即可导出视频，如图4-137所示。

图4-136　单击"导出视频"按钮

图4-137　"导出设置"对话框

2. 使用快剪辑制作短视频

1）导入与编辑视频

（1）启动快剪辑程序，在右上方单击"新建视频"按钮，如图4-138所示。

图4-138　单击"新建视频"按钮

（2）弹出"选择工作模式"对话框，单击"专业模式"按钮，如图4-139所示。

图4-139　单击"专业模式"按钮

（3）选择进入"添加剪辑"选项卡，再单击"本地视频"按钮，如图 4-140 所示。

图 4-140　单击"本地视频"按钮

（4）在弹出的对话框中选择两个视频素材，然后单击"打开"按钮，如图 4-141 所示。

图 4-141　选择视频素材

（5）将选择的视频素材添加到快剪辑程序中，如图 4-142 所示。

图 4-142　添加视频素材

（6）将视频依次拖至下方时间轴的"视频"轨上，选择第二个视频素材，在工具栏右上方单击"分离音轨"按钮，如图 4-143 所示。

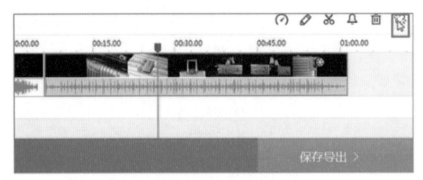

图 4-143　单击"分离音轨"按钮

（7）将视频中的音频分离到"音乐"轨上，选择音频并按【Delete】键将其删除，如图 4-144 所示。

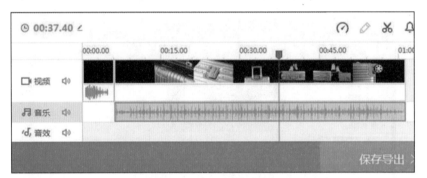

图 4-144　删除音频

（8）选择"添加音乐"——VLOG 选项卡，先单击按钮试听音乐，待找到所需的音乐后再单击"添加到音乐轨"按钮，如图 4-145 所示。

图 4-145　添加音乐

（9）在"音乐"轨上调整音频素材的位置，通过拖动两侧滑块调整音频的起点和终点位置，如图 4-146 所示。

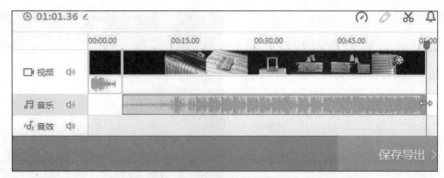

图 4-146　调整音频的起点和终点位置

（10）单击"音乐"轨上的"音量"按钮，拖动滑块调整音量，如图 4-147 所示。

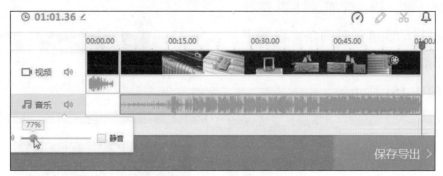

图 4-147　调整音量

（11）在视频轨上双击视频素材，打开"编辑视频片段"窗口便可以对视频进行裁剪、贴图、标记、二维码及马赛克等操作。例如，在上方单击"二维码"按钮，然后在右侧单击"本地图片"按钮上传二维码图片，在视频预览区中调整二维码图片的大小和位置，拖动底部时间条设置二维码出现的时间点及时长，如图 4-148 所示。若要删除二维码，则可以在左侧单击"删除"按钮。待设置结束后，单击"完成"按钮即可。

图 4-148　添加二维码

2）添加视频效果

（1）在时间轴面板中拖动时间线，将其定位至要添加字幕的位置上，如图 4-149 所示。

（2）选择"添加字幕"——VLOG 选项卡，待找到需要的字幕后，单击其右上方的"点击添加到时间线"按钮，如图 4-150 所示。

（3）在时间轴面板中双击字幕，弹出"字幕设置"对话框，修改字幕文本并选择字幕样式，通过拖动底部的时间条来设置字幕的出现时间和持续时间，然后单击"保存"按钮，如图 4-151 所示。

图 4-149　定位要添加字幕的位置

图 4-150　选择并添加字幕

图 4-151　"字幕设置"对话框

（4）在时间轴面板中拖动时间线，将其定位至要添加字幕的位置，如图 4-152 所示。

（5）选择"资讯"选项卡，待找到需要的字幕后，单击其右上方的"点击添加到时间线"按钮，如图 4-153 所示。

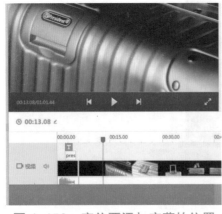

图 4-152　定位要添加字幕的位置

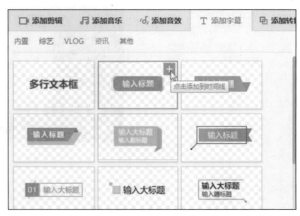

图 4-153　选择并添加字幕

（6）在时间轴面板上双击字幕，弹出"字幕设置"对话框，修改字幕文字，调整字幕位置，并设置字幕的出现时间与持续时间，然后单击"保存"按钮，如图 4–154 所示。

（7）采用同样的方法，在需要的位置继续添加字幕，如图 4–155 所示。

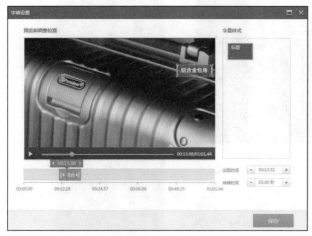

图 4–154　设置字幕

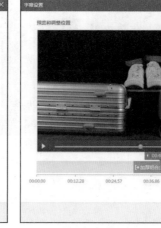

图 4–155　继续添加字幕

（8）若使用同样的字幕样式，可以在时间轴面板上选择字幕，然后按【Ctrl+C】和【Ctrl+V】组合键复制并粘贴字幕，如图 4–156 所示。

（9）在"添加转场"选项卡中选择所需的转场效果，并将其拖至"视频"轨上的视频素材上，如图 4–157 所示。

图 4–156　复制与粘贴字幕

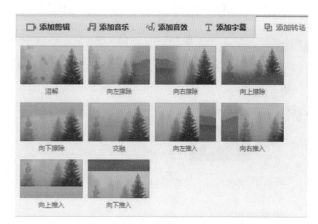

图 4–157　选择转场效果

（10）选择"添加滤镜"选项卡，选择所需的滤镜效果，并将其拖至视频素材上，在弹出的对话框中设置"滤镜强度"，选中"当前片段"单选按钮，单击"应用"按钮，如图 4–158 所示。

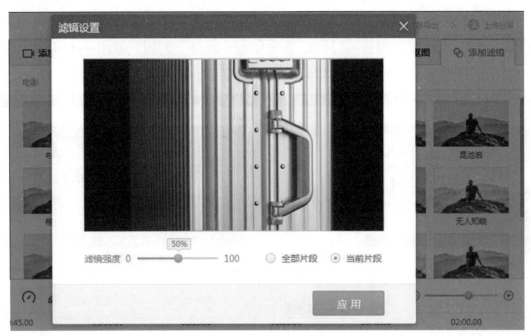

图 4-158　添加滤镜

（11）在程序窗口右下方单击"保存导出"按钮，进入"保存导出"界面，选择"加水印"选项卡，此时可以设置添加图片水印或文字水印。在此选中"加文字水印"复选框，输入文字，并设置文字颜色和位置，如图 4-159 所示。

（12）单击"选择目录"按钮，如图 4-160 所示。

图 4-159　添加文字水印

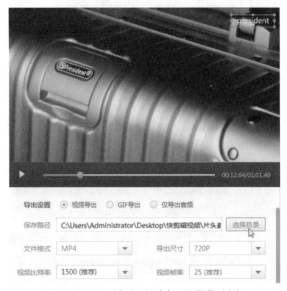

图 4-160　单击"选择目录"按钮

（13）待弹出"另存为"对话框后，选择保存位置并输入文件名，再单击"保存"按钮，如图 4-161 所示。

（14）先设置文件格式、导出尺寸等，再单击"开始导出"按钮，如图 4-162 所示。

图 4-161　设置保存选项

图 4-162　设置导出选项

（15）在弹出的"填写视频信息"对话框中输入视频信息，并设置视频封面，然后单击"下一步"按钮，如图 4-163 所示。

（16）此时便开始导出视频，等待导出完成即可，如图 4-164 所示。

图 4-163　设置视频信息

图 4-164　导出视频

3. 使用会声会影制作宣传片片头

1）导入并修剪视频

（1）启动会声会影软件，在素材库面板中单击"添加"按钮，创建"视频素材"文件夹，单击"导入媒体文件"按钮，如图 4-165 所示。

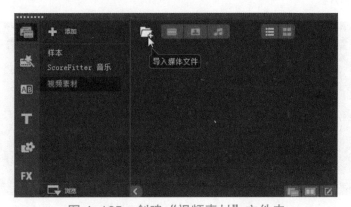

图 4-165　创建"视频素材"文件夹

（2）待弹出"浏览媒体文件"对话框后，选择要导入的素材，然后单击"打开"按钮，如图 4-166 所示。

（3）将"科技视频背景"素材拖至时间轴面板中的"视频"轨道上，在弹出的提示信息框中单击"是"按钮，如图 4-167 所示。

图 4-166　选择要导入的素材

图 4-167　将素材拖至"视频"轨道上

（4）按【Ctrl+S】组合键打开"另存为"对话框，选择保存位置并输入文件名，单击"保存"按钮，如图 4-168 所示。

（5）采用同样的方法将"城市建设"素材拖至"叠加 1"轨道上，如图 4-169 所示。

图 4-168　设置保存选项

图 4-169　将"城市建设"素材拖至"叠加 1"轨道上

（6）拖动"城市建设"素材的起始点和结束点的控制柄，对其进行修剪，使其时长变为 10 秒，如图 4-170 所示。

图 4-170　修剪素材时长

2）自定义动作

（1）在"播放器"面板中调整"叠加1"轨道上素材的大小和位置，如图4-171所示。

（2）在菜单栏中单击"编辑"中的"自定义动作"命令，如图4-172所示。

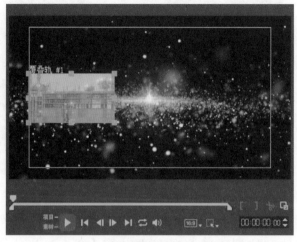

图4-171 调整素材的大小和位置

图4-172 单击"自定义动作"命令

（3）打开"自定义动作"窗口，在时间线上为第一个关键帧设置阴影、边界和镜面参数，如图4-173所示。

（4）在窗口右侧的时间码的秒数数字中输入1，并按【Enter】键确认，将时间指示器滑块定位到1秒的位置，单击"添加关键帧"按钮，如图4-174所示。

图4-173 设置关键帧参数

图4-174 单击"添加关键帧"按钮

（5）选择第一个关键帧，在窗口下方设置"位置"区域中的X为 -105、"大小"区域中的X为0、"阻光度"为0（即透明），如图4-175所示。

（6）选择第二个关键帧，按【Ctrl+C】组合键复制关键帧。将时间指示器滑块移到4秒的位置，用鼠标右键单击时间轴，在弹出的快捷菜单中选择"粘贴"命令，此时便可粘贴关键帧，如图4-176所示。

图 4-175　设置关键帧参数

图 4-176　粘贴关键帧

（7）选择第三个关键帧，在窗口下方设置"位置"区域中的 X 为 55，如图 4-177 所示。

（8）复制第三个关键帧，将时间指示器滑块定位到 4:13 秒的位置，按【Ctrl+V】组合键粘贴关键帧，在窗口下方设置"位置"区域中的 X 为 105、"大小"区域中的 X 为 0、"阻光度"为 0，如图 4-178 所示。

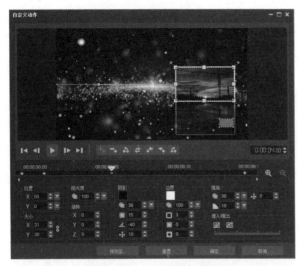

图 4-177　设置位置

图 4-178　粘贴关键帧并设置参数

（9）复制第四个关键帧，用鼠标右键单击最后一个关键帧，在弹出的快捷菜单中选择"粘贴"命令后，单击"确定"按钮，如图 4-179 所示。

（10）在时间轴面板中用鼠标右键单击"叠加 1"轨道，在弹出的快捷菜单中选择"插入轨下方"命令，如图 4-180 所示。

（11）此时便可在下方插入"叠加 2"轨道。选择"城市建设"素材，按【Ctrl+C】组合键进行复制，将鼠标指针置于"叠加 2"轨道上，在 2 秒的位置单击便可粘贴素材，并使两个素材之间的时间间隔为 2 秒，如图 4-181 所示。

图 4-179　复制并粘贴关键帧

图 4-180　选择"插入轨下方"命令

图 4-181　复制和粘贴素材

（12）在播放器面板中拖动"滑轨"滑块可查看视频播放效果，如图 4-182 所示。

（13）采用同样的方法继续插入 3 个轨道，复制视频素材并使它们的间隔为 2 秒，如图 4-183 所示。

（14）选择"叠加 2"轨道中的素材并用鼠标右键单击，在弹出的快捷菜单中选择"替换素材"中的"视频"命令，如图 4-184 所示。

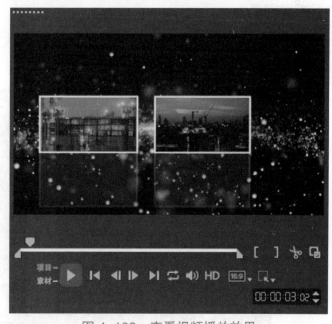

图 4-182　查看视频播放效果

图 4-183　插入轨道并复制视频素材

图 4-184　选择"视频"命令

（15）在弹出的"替换/重新链接素材"对话框中选择需要替换的视频素材，然后单击"打开"按钮，如图 4-185 所示。

（16）采用同样的方法替换其他叠加轨道中的素材，如图 4-186 所示。

图 4-185　选择需要替换的素材

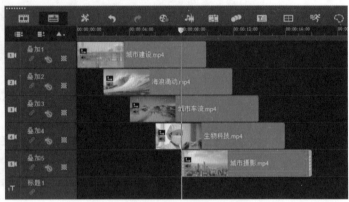

图 4-186　替换其他叠加轨道中的素材

3）添加字幕

（1）在素材库面板左侧单击"标题"按钮，打开标题素材库，选择要使用的标题样式，如图 4-187 所示。

图 4-187　选择标题样式

（2）将标题拖到时间轴面板中的"标题1"轨道上，并将标题素材移至12秒位置（即所有视频动作播完的位置），如图4-188所示。

图4-188　移动标题素材

（3）在"播放器"面板中双击标题文字对其进行修改，如图4-189所示。

（4）在"时间轴"面板中双击标题素材，打开"编辑"面板，根据需要来设置文字样式，如字体格式、颜色、大小、边框、阴影、透明度等，如图4-190所示。

图4-189　修改标题文字　　　　　　　　　图4-190　设置文字样式

（5）选择"属性"选项卡后，可以查看标题应用的滤镜样式。选中"滤镜"单选按钮，取消选中"替换上一个滤镜"复选框，如图4-191所示。

（6）在素材库面板左侧单击"滤镜"按钮，在滤镜类别下拉列表中选择"相机镜头"选项，然后选择"镜头闪光"滤镜，如图4-192所示。

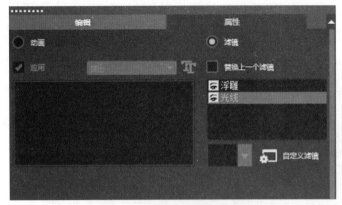
图 4-191 设置滤镜选项

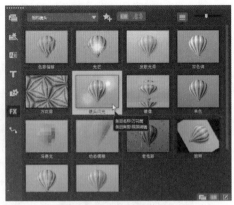
图 4-192 选择"镜头闪光"滤镜

（7）将"镜头闪光"滤镜拖至"时间轴"面板的标题中，便可应用该滤镜。在"效果"面板中可以查看应用的滤镜，如图 4-193 所示。另外，单击"自定义滤镜"按钮还可以对其进行自定义设置，在此使用默认设置即可。

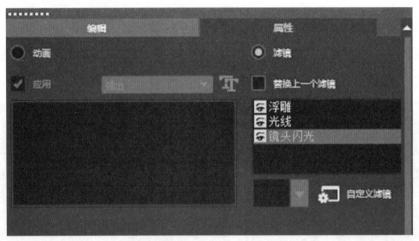
图 4-193 应用"镜头闪光"滤镜

（8）对时间长度超过标题结束时间的素材进行修剪。在修剪素材时，还可以选择素材后按【S】键分割素材，然后将右侧素材删除，如图 4-194 所示。

图 4-194 修剪素材

（9）在"时间轴"面板中双击"科技视频背景"素材，然后在选项面板中单击"淡入"按钮和"淡出"按钮，使背景声音产生淡入和淡出效果，如图 4-195 所示。

图 4-195　设置背景声音淡入淡出效果

（10）在窗口上方选择"共享"选项卡，选择导出格式，设置文件名和文件位置，然后单击"开始"按钮便可将制作的片头视频导出，如图 4-196 所示。

图 4-196　导出片头视频

四、任务评价

序号	任务	能力	评价
1		能够对短视频后期制作的主要工作进行谋划	
2	掌握短视频后期制作技能	能够利用后期制作工具完成短视频镜头组接	
3		能根据脚本要求和素材实际为短视频合成人声、背景音乐和音效	
4		能根据脚本要求为短视频制作字幕	

注：评分标准为给出 1~5 分，它们各代表：较差、合格、一般、良好、优秀。

五、任务总结

（1）准备工作做得是否充分？

（2）团队成员在任务实施过程中是否实现了个人目标？

📖 课 后 练 习

一、填空题

（1）_____是指将所拍摄的素材，进行整理、筛选、分解和组合的过程，最终得到一个连贯、自然、主题鲜明的视频故事，或者一种视觉呈现效果。

（2）_____是在拍摄时用来照亮被摄体最主要的光源。

（3）我们一般通过_____和_____两个阶段来完成整个剪辑工作。

（4）_____可以理解为对影片做一种外在形式的美化修饰，让影片风格更突出、更吸引人。

（5）_____是将单独的镜头画面和声音进行组接，组合成一段完整的影片。

（6）由远及近（接近式）：_____→_____→_____→_____→_____。

（7）由近及远（远离式）：_____→_____→_____→_____→_____。

（8）_____是将不相邻的景别直接组接，如远景直接组接近景或者中景、特写，也可以远景直接组接特写等。

（9）人声可以分为＿＿＿＿＿、＿＿＿＿＿和＿＿＿＿＿。

（10）＿＿＿＿＿是在影片中用于环境衬托的音乐，可以是歌曲，也可以是无人声的音乐。

（11）＿＿＿＿＿多出现在视频开始的时候，起到画龙点睛的作用，也可称为标题字幕。

（12）语言字幕的颜色一般以＿＿＿＿＿色为主，并加上轮廓或者阴影。

二、简答题

（1）简述剪辑前的准备工作。

（2）简述跳跃式组接方法。

（3）简述音效的类型。

（4）简述字幕的类型。

（5）简述常用的镜头转场。

参考文献

［1］吴航行，李华．短视频编辑与制作（视频指导版）［M］．北京：人民邮电出版社，2019.

［2］李远博．从零开始做短视频：视频策划、拍摄与剪辑［M］．北京：电子工业出版社，2021.

［3］罗建明．零基础玩转短视频：拍摄＋剪辑＋运营＋直播＋带货［M］．北京：化学工业出版社，2021.

［4］新媒体商学院．短视频运营一本通：拍摄＋后期＋引流＋变现［M］．北京：化学工业出版社，2019.